科学者の流儀

それでも研究はやめられない

渡辺政隆 編

日経サイエンス社

はじめに

長い歴史をもつ科学誌「日経サイエンス」には、最新の話題が紹介されると同時に、著名な科学者へのインタビューや評伝的な記事もたくさん掲載されてきた。本書ではそうした中からめぼしい記事を選んでみた。

初っ端からホーキング、アインシュタイン、ワインバーグというラインアップは重いと感じるかもしれないが、まずは「天才」たちの頭の中を覗いてみるのも悪くない。小柴が語る恩師の思い出は、じつのところ自分語りとなっているところに小柴の個性がよく出ている。理論物理学者のあいだでは「予言者」として知られる南部だが、一般人にもそのすごさが知られているとは言いがたい。収録の記事がそのねじれを解消してくれる。

科学者は政治の色がついていないので児童向け伝記の格好の素材となる。しかし科学者も政治に翻弄される。オッペンハイマーとサハロフは、それぞれ原爆開発と水爆開発の渦中に身を置いた科学者だった。

政治だけでなく科学の世界でも、女性にとってはガラスの天井が依然として存在する。しかしそれを打ち破る活躍をしてきた女性もいる。ナイチンゲールは献身的な看護師の象徴として偶像化されているが、じつは近代医療統計学の祖として正当に評価されるべき存在なのである。ノーベル賞はさまざまな栄光と挫折のドラマを生んできた。ウーが女性ゆえ、アジア人ゆえにノーベル賞の受賞対象から外されたのかどうかはわからない。しかし、ガラスの天井の一角を破ったことはまちがいない。チンパンジー研究の先駆者となったグドールは、唯一特別な存在と自負していた人間の慢心を打ち砕いた。

ガリレオが『天文対話』の出版で異端審問にかけられた背景には、当時のイタリアを席巻していたペストの影があった。科学の世界では、最初の発見者に栄誉が与えられるため、先取権をめぐって多くの論争が繰り広げられてきた。1861年になされた海王星の発見をめぐる争いもその1つである。ワトソンとクリックによるDNAの構造解明についても先取権争いにまつわる疑惑が未だに晴れない。多数の新薬を開発したエリオンは、女性研究者としての悲哀を味わいつつも、実効性のある新薬を世に送り出したことで報われたと語る。彼女にとって、ノーベル賞の受賞はそのおまけだったようだ。

スコットは南極点到達レースでアムンゼンの後塵を拝した。しかし、もう1つの目的だった科学調査では大きな成果を上げた。悲劇の面ばかりが語られるドラマだが、そこにわずかな救いが見いだせる。2023年度前期に放映されたNHKの連続テレビ小説「らんまん」の実在のモデル牧野富太郎は、人間的な魅力もさりながら、植物学への貢献度でも度外れていた。その評価を、ドラマの植物監修者とともに語る。

目次

5 科学のパイオニア

装丁・レイアウト グリッド
イラストレーション 田尻真弓

1

物理学者の足跡《あしあと》

スティーブン・ホーキング
ホーキングの遺産

カリフォルニア工科大学
東京大学カブリ数物連携宇宙研究機構
大栗博司

理論物理学者には、抽象的・概念的な思考に長けている人と、具体的な問題を解くための数理的な技術に長けている人という2つのタイプがある。だがこの3月14日（2018年）に生涯を終えたホーキング（Stephen W. Hawking）は、大胆な発想と概念的な思考とともに、そのアイデアを最後まで突き詰めることのできる強靭な数理技術を併せ持つ稀有の科学者であった。

英オックスフォード大学のペンローズ（Roger Penrose）との共著の宇宙の特異点定理の証明や、ブラックホールの蒸発を予言したホーキング放射の論文はとりわけ名作であり、読むたびごとに以前には気がつかなかった新しいアイデアが見つかる。彼が科学に記した足跡を振り返ってみたい。

宇宙の特異点

ホーキングは1942年1月8日に英国オックスフォードに生まれた。熱帯病の専門家であった父親が国立医学研究所の寄生虫部門長になったため、8歳から高校卒業までロンドンの北にあるセント・オールバンズで過ごす。授業は退屈だったようで、学業に励むことはなく、成績も振るわなかった。しかし理科系の才能は幼少のころから認められていたそうだ。本人の言葉によると、「物理学と天文学は、私たちがどこから来て、なぜここにいるのかを理解できる希望を与えた。私は宇宙の深淵を見通したかった」という。

オックスフォード大学卒業後は、宇宙論の権威であったホイル（Fred Hoyle）の下で学ぶべく、ケンブリッジ大学大学院に進む。しかしホイルには引き受けてもらえず、宇宙論の研究者シアマ（Dennis Sciama）の学生になる。これはホーキングにとって幸いなことであった。シアマは優れた教師であり、数多くの優秀な研究者を育てていた。ホーキングは、シアマの下で一般相対性理論の数理的研究に取り組むことになった。

ホーキングが大学院2年生であった1964年に、当時英ロンドン大学で教鞭をとっていたペンローズが、ブラックホールの特異点定理を証明した。一般相対性理論の基本となるアインシュタイン方程式は、重力場を定めるための複雑な式である。いくつかの厳密解や近似解は知られていたが、解の一般的な性質については何もわかっていなかった。ペンローズは、重い星がアインシュタイン方程式に従って崩壊を始めると、一定の条件の下では、必ず重力が無限大に発散する特異点が生じることを数学的に証明した。これは、当時最新の幾何学的手法を駆使した成果であり、アインシュタイン方程式の理解に新しい道を開いた。

シアマはホーキングをペンローズに紹介し、ペンローズの幾何学的手法を学ばせた。ホーキングはこの機会をとらえ、大胆にも、ペンローズの特異点定理のアイデアを、宇宙全体に当てはめようとした。そして、空間の大域的な性質を明らかにする位相幾何学の「モース理論」を一般相対性理論に応用することで、宇宙の過去には必ず特異点があったことを、一定の条件下におけるアインシュタイン方程式の解の性質として証明した。かつて特異点があったということは、宇宙は無限の過去から存在したのではなく、ビッグバンのような始まりがあったことを意味している。これがホーキングの博士論文となった。

当時、宇宙がどのようにでき、今日の姿まで進化してきたかについては、学界の合意がなかった。「宇宙はビッグバンで始まった」という主張に対抗して、ホイルらの「定常宇宙論」も研究されていた。これは、宇宙は膨張しているものの、宇宙空間では次々に物質が生み出され、宇宙の物質密度は常に一定に保たれているという主張である。しかし1964年に、米国のベル研究所で、全天のあらゆる方向から届く「宇宙マイクロ波背景放射」が観測された。これは定常宇宙論では説明で

スティーブン・ホーキング　(Stephen W. Hawking、1942-2018年)
1975年、カリフォルニア工科大学に滞在していたときの写真。この滞在中にブラックホールの情報問題についての論文を発表した。

きず、ビッグバンの残照と考えられたことから、ビッグバン理論に有利な証拠となった。

ホーキングの1966年の博士論文は、定常宇宙論が理論的にも困難であることを指摘し、宇宙論の研究に大きな影響を与えた。ビッグバンの数学的証明は、1970年に発表されたホーキングとペンローズとの共著論文によって完成し、ホーキングはこの業績によってケンブリッジ大学ゴンビル・アンド・キーズ・カレッジの終身フェローに選ばれている。

ブラックホールの黄金時代

1960年代から1970年代のはじめは、「ブラックホール研究の黄金時代」と呼ばれる。ホーキングはその時代を牽引した1人だった。

ブラックホールの研究は、1915年のアインシュタイン方程式の発表直後に発見された「シュワルツシルト解」に始まる。シュワルツシルト解は、質量分布が完全な球対称、すなわち、どちらの方向から見ても同じに見えると仮定した場合に生じる重力場を表す特殊な解であった。それから半世紀後の1967年に、カナダのアルバータ大学のイスラエル（Werner Israel）は、回転しないブラックホールであれば、初期状態が球対称でなくとも定常状態に落ち着くと必ず球対称になり、シュワルツシルト解で記述できることを証明した。この「ブラックホールの一意性定理」によって、球対称という特別な条件の下でだけ使えると考えられていたシュワルツシルト解に、幅広い応用への道が開かれた。

しかしこの宇宙の中で実際に観測されているブラックホールはすべて回転している。ホーキングや、ケンブリッジ大学のカーター（Brandon Carter)、ロンドン大学キングス・カレッジのロビンソン（David Robinson）らは、イスラエルの一意性定理を拡張し、ブラックホールが回転している場合にも、定常状態に落ち着くと、米テキサス大学のカー（Roy Kerr）が１９６３年に発見した「カー解」で記述できる状態になることを証明した。この定理は、すべてのブラックホールが最終的にはカー解で記述できることを示すものであり、その後のブラックホール研究にとって重要な結果となった（この定理は後にブラックホールが電荷や磁荷を持つ場合にも拡張されている）。

たとえば、２０１７年のノーベル物理学賞の授賞対象となった、米国の重力波望遠鏡ＬＩＧＯによる重力波の直接観測においても、連星を構成する２つのブラックホールがつくる重力場をカー解で表し、それが衝突するときに発せられる重力波の波形を計算で求め、観測データと比較している。

ブラックホールは重力が強いので、あまり近づきすぎると逃げ出せなくなる。脱出に必要な速度は近づくほど速くなるが、それが光の速さに達する場所を「事象の地平」と呼ぶ。事象の地平の内側ではブラックホールの脱出速度が光速を超えるので、いかなるものもそこから逃げ出すことはできない。

ホーキングは1970年代前半に、ブラックホールの事象の地平の重要な性質を次々と発見した。特に、1971年に発表された「面積定理」は、事象の地平の面積は常に増加することを示し、その後の観測や理論の基本となった。たとえば2つのブラックホールが合体すると、合体後の地平面は、合体前のブラックホールの地平面の和より広い面積を持つ。これから、ブラックホールの合体から発せられる重力波のエネルギーの上限値を導くことができる。

物理学の基本法則の多くは、時間の方向を反転させてもなりたつ。アインシュタイン方程式も、時間反転しても不変である。これに対し、事象の地平の面積は常に増加するという面積定理の主張は、時間を反転すると、面積は常に減少するという主張になってしまう。面積定理は時間反転に対して不変でない。これは、事象の地平の定義自体が、時間反転に対して不変でないからである（ブラックホールの重力に引き付けられて事象の地平の中に落ち込むことは簡単にできるが、時間を反転して事象の地平から逃げ出すことはできない）。そのため、時間反転で不変であるはずのアインシュタイン方程式から時間反転で不変でない面積定理が導かれても、矛盾ではない。

矛盾はないとはいえ、事象の地平の面積が常に増加するという定理は驚きであった。ホーキングは米エール大学のバーディーン（James M. Bardeen）とカーターとの共同研究で、この面積定理が熱力学のエントロピーの性質と似ていることに気付く。エントロピーは巨視的な物理系の無秩序さを測る指標であり、これもまた時間発展の下で常に増加する。彼らは、この類似を推し進め、それをまとめたブラックホールの熱力学法則を１９７３年に発表した。

これと同じ頃、プリンストン大学の一般相対性理論の大家ホイーラー（John A. Wheeler）の大学院生であったベッケンシュタイン（Jacob Bekenstein）も、統計力学的な考察から、ブラックホールは事象の地平の面積に比例するエントロピーを持つべきであると予想していた。

量子力学による解決

しかし、ブラックホールの熱力学には問題があった。ブラックホールがエントロピーを持つなら、そこからブラックホールの温度を導くことができる。エントロピーが事象の地平の面積に比例するとして通常の熱力学の公式を当てはめると、ブラックホールの温度は質量に反比例することになる。しかしブラックホールが温度を持つのならそれに伴う放射があるはずで、これは事象の地平の内側からは光さえ出てこられないという先の結果と矛盾している。

ホーキングは、驚くべき思考の飛躍により、この放射を量子力学的な効果として説明した。量子力学の世界では、真空中であっても、常に何もないわけではない。ハイゼンベルクの不確定性原理に基づく量子揺らぎによって、粒子と反粒子が常に対生成と対消滅を繰り返している。ホーキングは、対生成した粒子・反粒子の一方が事象の地平の中に落ち込むと、残されたもう一方は対消滅をする相手を失ってブラックホールから飛び去ることができると思いついた（日経サイエンス2018年6月号「ブラックホールの量子力学」参照）。

そしてこれをブラックホールからの放射とみなすと、ブラックホールの熱力学が予言した通りに、放射の温度はブラックホールの質量と反比例していた。ホーキングらが提案したブラックホールの熱力学は、単なる熱力学の類似ではなく、ブラックホールの深遠な量子力学的性質の反映であったのだ。1974年に発表された「ホーキング放射」は、過去半世紀の物理学において最も偉大な発見の1つであり、その後の物理学の発展に大きな影響を与えた。

ホーキングは、彼が導いたブラックホールのエントロピー公式、

$$S_{BH}=\frac{k_B c^3}{4G_N \hbar}\times A$$

が自らの墓石に刻まれることを望んでいた。左辺のS_{BH}がブラックホールのエントロピー。右辺はそのエントロピーがブラックホールの事象の地平の面積Aに比例していることを示している。比例係数に含まれるk_Bは統計力学のボルツマン定数、cは光の速さ、G_Nはニュートンの重力定数、$\hbar$は量子力学のプランク定数である。統計力学、相対性理論、重力、量子力学という物理学の主要な分野の基本定数がすべて含まれている驚くべき公式である。

現代の理解によれば、物質が持っている熱力学的なエントロピーは、原理的に、その物質に記録

できる情報量に等しい。ホーキングが導いたブラックホールのエントロピー公式は、ブラックホールが膨大な情報を記録できることを表している。たとえば、私たちの天の川の中心にある巨大ブラックホール「いて座A*」にこの公式を当てはめると、10の80乗ギガバイト以上のメモリーとなる。また、グーグルの持っているすべてのデータを、陽子の10の10乗分の1の半径のブラックホールに書き込むこともできる。

情報は消えない

ホーキングは、ホーキング放射の論文を発表した翌年、放射によってブラックホールが蒸発をすると、因果律が矛盾をきたす可能性があると指摘した。因果律とは、「現在の状態を知っていれば、自然法則によって未来に起きることは原理的にすべて予言できる」、また、「過去の状態も、現在の状態から導き出せる」という考え方で、科学の基本のひとつである。そこに問題を投げかけたホーキングの指摘は、大きな注目を集めた。

ホーキング放射がどのように因果律と矛盾するかを説明するために、次のような思考実験を考えてみよう。ブラックホールに本を投げ込むと、ブラックホールの質量は本1冊分だけ増えるが、ホーキング放射によってエネルギーを失い、いずれは蒸発してしまう。同じ重さだが別な内容の本を投げ込んでも、同じことが起きる。蒸発した後に残されるのは熱分布に従う放射だけであり、その状態からブラックホールに投げ込まれる前の本の内容を導き出すことはできない。これは「過去の状態を導き出せる」という因果律と矛盾している、というのがホーキングの指摘であった。

ブラックホールからの放射が完全な熱分布に従っているという主張は、ホーキングが一般相対性理論に量子力学の原理を近似的に当てはめて計算した結果である。これに対し、より正確な計算ができれば、ブラックホールからの放射が本の情報を運んでいることが示せるのではないかと考える人もいた。ブラックホールにのみ込まれた本の情報は失われてしまうのか、それともホーキング放射によって解放されるのか。１９７０年代半ばには、この「ブラックホールの情報問題」に決着をつけることはできなかった。一般相対性理論と量子力学を統合する理論的枠組みが存在しなかったからだ。

情報問題が提示されてから10年後、１９８４年に起きたいわゆる「第1次超弦理論革命」によって、超弦理論が一般相対性理論と量子力学を統合する究極の統一理論の有望な候補として浮上すると、この理論を使ってホーキングの情報問題が解決できるかどうかが問われた。しかし、当時は超弦理論を使ってブラックホールをうまく記述する理論的方法がなく、この問題に挑戦することができなかった。

さらに10年以上が経過した１９９５年のいわゆる「第2次超弦理論革命」において、カリフォルニア大学サンタバーバラ校のポルチンスキー（Joseph Polchinski）は、超弦理論の「Dブレーン」という概念を使って、ブラックホールを量子力学的にも精密に記述する方法を開発した。彼の同僚のストロミンジャー（Andrew Strominger）は、ハーバード大学のバッファ（Cumrun Vafa）と共同で、直ちにこの方法を使って、ある種のブラックホールについて情報量を計算し、エントロピー公式を正確に導くことに成功した。

先述のように、物質の持つエントロピーは、一般にその物質に記録できる情報量に等しい。ストロミンジャーとバッファの計算は、ブラックホールのエントロピーにも同様の解釈が可能であり、ブラックホールが事象の地平の面積に比例する情報量を担っていることを示していた。ブラックホールに本を投げ込むと、質量が増え、事象の地平の面積も増えるので、ブラックホールに記録できる情報量も増える。ブラックホールに投げ込まれた本の情報は失われることなく、ブラックホールの事象の地平に記録されていたのだ。

1997年2月、ホーキングとカリフォルニア工科大学のソーン（Kip Thorne）は、同大のプレスキル（John Preskill）とある賭けをした。3人がまとめた以下の文章に、ブラックホールの情報問題についての当時の学界の様子を読み取ることができる。

「ホーキングとソーンは、ブラックホールにのみ込まれた情報はその外側の宇宙からは永遠に隠されてしまっており、ブラックホールが蒸発して消え去ってしまっても、それが出てくることはないと固く信じる。プレスキルは、重力理論が正しく量子化されたあかつきには、蒸発するブラックホールから情報が解放される過程が見つかるに違いないと信じる。ゆえにプレスキルは次のように賭け、ホーキングとソーンはこれを受ける。『純粋な量子状態が、重力崩壊を起こしブラックホールになった場合、ブラックホールが蒸発した後も純粋な量子状態にある』。この賭けの敗者は、勝者がいつでも好きなときに情報を取り出せるように、勝者が望む百科事典を贈る」

この9カ月後に、ハーバード大学のマルダセナ（Juan M. Maldacena）がDブレーンの概念をさらに抽象化したAdS/CFT対応を発表した。これにより、ブラックホールの蒸発過程そのものを量子力学の言葉で厳密に表現することができるようになり、ブラックホールの担っていた情報がホーキング放射によって解放されることが示された。ブラックホールの情報問題は超弦理論によって原理的に解決した。ホーキングは２００４年に開かれた一般相対性理論の国際会議においてこれを認め、賭けの約束通りプレスキルに、彼の好きな情報が詰まった「野球百科事典」を贈った。

ホーキングの指摘したブラックホールの情報問題は、その後40年以上にわたって理論物理学の発展に大きな影響を与えた。この問題自体は原理的に解決したが、ブラックホールが具体的にどのようなメカニズムで情報を解放しているのかは未解明である。たとえて言えば、アルファ碁はトッププロ棋士と対戦して勝ったが、それがどのような戦略に基づくものであるのかは説明できないというような状況である。この問題については、最近、量子情報理論の技術を導入した研究により理解が深まりつつある。

宇宙の数学

ブラックホールのホーキング放射は、事象の地平における量子力学的効果によって起きる。ホーキングは、同様な量子力学効果が初期宇宙に起きると、物質密度に揺らぎが発生すると予言した。こうした揺らぎは、宇宙の進化の過程で成長し、銀河などの構造を形成する種になっていたと考えられている。同様の予言は、旧ソビエト連邦のレベデフ研究所のムカノフ（Viatcheslav Mukhanov）によっても独立になされた。ホーキングと同僚のギボンズ（Gary W. Gibbons）は、1982年にケンブリッジ大学で初期宇宙についての3週間のワークショップを開催し、量子効果による初期宇宙の揺らぎについて徹底的な議論を行い、その後の初期宇宙研究の発展に決定的な影響を与えた。

ホーキングらの予言した揺らぎの痕跡は、宇宙背景放射探査機COBE、ウィルキンソン・マイクロ波異方性探査機WMAP、プランク衛星などによる宇宙マイクロ波背景放射の観測で検出されており、初期宇宙の理解に重要な手掛かりを与えている。初期宇宙の量子力学的効果が宇宙の構造形成の種となったというホーキングらの予言が正しければ、宇宙の中の銀河、星々、さらには私たち自身も、初期宇宙の量子的揺らぎから生まれてきたといえる。

ホーキングとエリス（George F. R. Ellis）が1973年に出版した「The Large Scale Structure of Space-Time」（時空間の大域構造）は、ホーキングとペンローズが中心となって開発した一般相対性理論の幾何学的方法の集大成であり、出版から半世紀を経た現在でもこの分野の最も権威のある教科書である。ペンローズはこの本について「Mathematics of the Universe」（宇宙の数学）と題した書評を*Nature*誌に寄稿している。

一般相対性理論は、まさしく20世紀の「宇宙の数学」であった。2007年に設立された東京大学数物連携宇宙研究機構（のちにカブリ数物連携宇宙研究機構）の英語名「Institute for the Physics and Mathematics of the Universe」も、この書評

佐藤文隆

来日したホーキングと日本の物理学者たち

左より大栗博司、稲見武夫、スティーブン・ホーキング、佐藤文隆、佐々木節、大原謙一。1985年、京都大学の湯川記念館の前で。

の題名から来ている。ホーキングは、この宇宙の数学を大きく発展させ、量子力学との統合にも重要な貢献をした。科学の歴史に残る偉大な業績を讃えたい。

生きるエネルギーにあふれた人

本編の中ではホーキング氏の障害には触れなかったが、彼が一般社会で知られるようになった最大の理由はこれであろう。彼は21歳の誕生日の直後に筋萎縮性側索硬化症（ＡＬＳ）の診断を受け、数年の命しかないとの宣告を受けた。しかし、この不運に負けることなく、宇宙を理解するための最も基本的な問題に取り組んだ。

私がはじめて氏にお会いしたのは１９８５年の冬、京都大学の大学院の1年生のときであった（右ページの写真）。量子宇宙論の国際会議の講演のために来日され、講演を聞く機会を得た。当時はまだご自身で発声することができていたので、大学院生が横に控え、彼の言っていることを大きな声で復唱していた。

しかし、日本からヨーロッパにもどられた後スイスで肺炎に罹り、気管切開を受けたため、声帯が破壊されて声を失った。それ以来、音声シンセサイザーを使って意思の疎通を行うことになった。病気の進行とともに技術も進歩し、外部との意思の疎通を続けることができたことは、彼にとっても、また科学にとっても幸運であったといえる。初期には手元のスイッチを使っていたが、筋肉が衰えると、メガネに取り付けた赤外線検出器で頬の動きをとらえ、コンピューターを操作するようになった。

頬の動きだけで作文をすることは難しく、ホーキング氏に質問をすると、短い答えが返ってくるまでに5分ぐらいかかった。このような困難にもかかわらず、彼は教授職を務めたケンブリッジ大学で数多くの学生を指導し、博士号を取得した者は40名、それらの学生が教授となりその指導の下で博士号を取得した孫学生は188名に上る。

しかし、彼の学生であることには、それなりの苦労もあったようだ。宇宙の特異点定理の共同研究者で、長年の友人でもあったペンローズ氏は、ガーディアン紙に寄稿した追悼文で、以下のような思い出を語っている。

「(ホーキングの発する)言葉は大きな権威を持ったが、身体的な障害のために簡潔であり謎めいたものでもあった。有能な同僚ならその背後にある意図を解きほぐすこともできたが、経験の浅い学生には別問題であった。そのような学生にとっては、ホーキングとの面会は怖気づかせられる経験であった。……くわしい説明は与えられず、学生にとってはご神託を受けるようなものであった。お告げの正しさに疑問の余地はなく、正しく解釈して発展させれば間違いなく深遠な真実にたどり着けるものであった」

また、かつてホーキング氏の学生で、現サザンプトン大学の教授兼応用数学教室主任であるテイラー（Marika Taylor）氏は、「彼と研究をしていると、研究や日常生活を続けていこうという彼の強い決意に影響されないわけにはいかない。彼にとっては、単に生き続けていくだけでは十分ではない。人生が与えるすべてのことを享受し、自らの行うすべてのことで天を目指していた」と語っている。

ホーキング氏はその研究者人生を英国のケンブリッジ大で送ったが、１９７０年代の前半から亡くなる数年前まで、ほぼ毎冬の数カ月を米ロサンゼルス郊外にあるカリフォルニア工科大学で過ごしていた。ブラックホールの情報問題を指摘した論文も、滞在中に発表されたものだ。

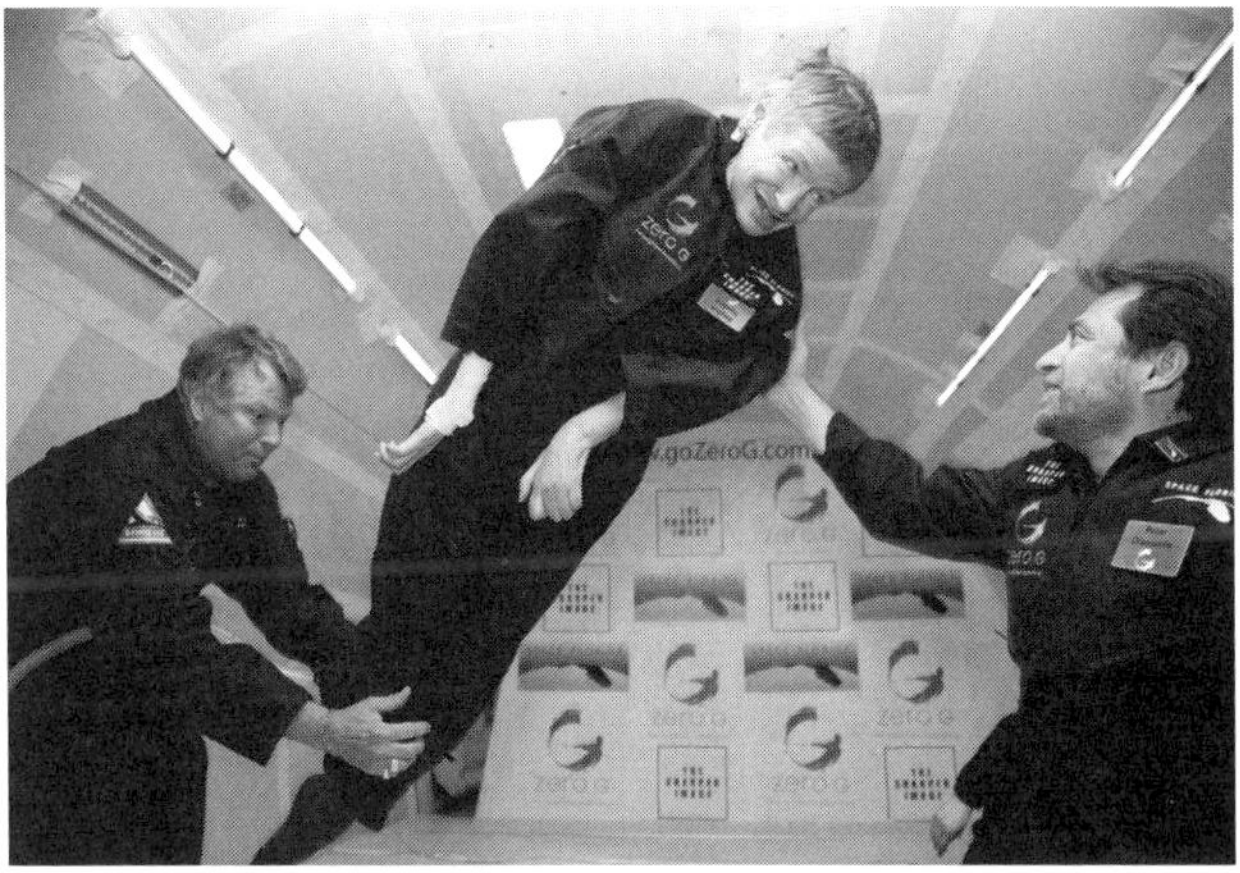

車いすからの解放

ホーキング氏は2007年4月、飛行機を使った無重力状態を体験した。米フロリダ州にある米航空宇宙局（NASA）のケネディ宇宙センターで。

私は2000年に同大教授に着任したので、それ以来、毎冬お会いする機会があった。彼は様々な人々と交流することを好み、学生主催のパーティーに参加したり、研究者たちと夜のロサンゼルスに繰り出したりもした。重い障害にもかかわらず、人生を満喫しようとするエネルギーにあふれており、1997年には南極を訪問し、2007年には宇宙飛行士のための訓練施設で無重力状態を体験した（前ページの写真）。

ホーキング氏は、科学を社会に伝える活動においても多くの貢献をしている。特に、『ホーキング、宇宙を語る―ビッグバンからブラックホールまで』（ハヤカワ文庫NF）は、35カ国語以上に翻訳され、全世界で2500万部以上出版された。*New York Times* 紙のベストセラー欄に4年半以上連続して掲載された。科学解説書としては記録的な反響である。

2014年に公開された映画『博士と彼女のセオリー』は、ホーキング氏の最初の妻であったジェーン・ホーキング（Jane Hawking）夫人の回想録に基づくもので、1964年の出会いからホーキング氏の学問的成功、そして難病との闘いの様子が描かれている。主役のレッドメイン（Eddie Redmayne）は、ALSの患者が入院している病院で数日間を過ごして演技の研究をしたそうだ。宇宙の真実を追い求めるホーキング氏の情熱と苦悩を見事に演じ、2015年にアカデミー主演男優賞を受賞した。

10年ほど前にカリフォルニア工科大学で行った講演会で、ホーキング氏は、健康な頃は真面目に勉強しなかったが、病を得てからは「短命かもしれないと知り、生きることには価値があって、自分には成し遂げたいことがたくさんあることを悟った」と語っている。車いすに閉じ込められ、難病のため言葉すらうまく発せられない境遇の中で、自らの思考の力で偉大な業績をあげたホーキング氏の人生は、多くの人に感銘を与えてきた。

２０１７年ケンブリッジ大学で開かれた彼の75歳記念シンポジウムで、ホーキング氏は講演の最後をこう結んだ。「この世に生を受け、理論物理を研究するのに素晴らしい時代であった。私たちの宇宙の理解はこの50年で大きく変わった。そのことに少しでも貢献できたとしたら幸せである。……こうした探求がもたらす興奮と感激を伝えたい。足元を見下ろすのではなく星を見上げよう。見えるものを理解しようと試み、なぜ宇宙が存在するのかを考えよう。好奇心を持ち続けよう。人生がいかに困難に見えても、必ず自分にできること、成し遂げられることがある。大切なのは、諦めないことだ。ご静聴ありがとう」。

この言葉は、身体的な制限にもかかわらず人間精神の高みを達成したホーキング氏のものであるがゆえに、より深く、多くの人の胸に刻まれている。

（大栗博司）

アルベルト・アインシュタイン

一般化された重力理論について

アルベルト・アインシュタイン
プリンストン高等研究所

サイエンティフィック・アメリカン誌の編集部から、私が最近発表したばかりの仕事について書くように依頼された。その仕事は場の物理の基礎に関する数学的研究だ（49ページの訳者ノート1を参照）。

読者のなかにはいぶかる人もいるだろう。物理の基礎については、すでに学校で学んだのではないか？　その答えは、問いの解釈によってイエスでもありノーでもある。私たちは広範囲の実験事実の理解を可能にする概念と普遍的関係を知り、実験事実を数学的に扱う手段を手に入れてきた。ある意味で、これらの概念と関係は最終的なものと言ってよいだろう。例えば光の屈折の法則や、圧力・体積・熱・仕事の概念に基づく範囲での古典熱力学の関係式、永久機関が存在しないという仮説などがこれに該当する。

では、何が私たちに新たな理論を次々と生み出させるのか？　そもそもなぜ私たちは理論を生み出すのか？　後者の問いに対する答えは単に、私たちが「理解すること」、すなわち新たな現象を既知の事柄や（見かけ上）明らかな事柄に論理的に還元することを楽しむからだ。既存の理論では説明できない新事実に直面した場合、まず第一に新たな理論が必要になる。しかし、必要に迫られて新理論を構築するというのは、動機としてはいわば自明のものだ。これとは別に、同じくらい重要で、やや捉えにくい動機がある。それは、その理論全体が前提としている論拠の統一と簡単化に向けた希求だ（すなわち論理的原則としての、マッハの効率原理）（訳者ノート2を参照）。

音楽への情熱があるのと同じように、理解することへの情熱が存在する。子供にはこの情熱が普通にあるが、多くの人は大人になるに従って失ってしまう。この情熱なしには、自然科学も数学も存在しなかっただろう。理解することへの情熱は、人間が客観的世界を経験的土台なしに純粋な思考のみによって（短く言うと形而上学によって）合理的に理解できるという幻想をしばしば引き起こした。

私は、純粋理論物理学者というのはみな、本人が自分をどれほど純粋な実証主義者であると思い込んでいようと、半端な形而上学者のようなものだと思う。形而上学者は論理的な単純さが真実であると信じている。これに対し半端な形而上学者は、経験される現実はすべてが論理的に単純であるわけではないものの、感知された経験すべての総体は、すぐれて単純な前提の上に築かれた概念体系に基づいて「理解」できると信じている。

懐疑的な人は、それは「奇跡の信条」だと言うだろう。その通りだと認めざるを得ないが、それでもこの〝奇跡の信条〟は科学の発展によって驚くべきレベルで実証されてきた。

原子論の興隆が好例だ。古代ギリシャの自然哲学者レウキッポスはこの大胆なアイデアをどのようにして思いついたのだろうか？　水が凍って氷という明らかに水とはまったく異なるものになり、その氷が融けると元の水と区別のつかないものが生じるのはなぜなのか——レウキッポスは困惑し、その「説明」を探した。彼はこれらの転移において物質の「本質」は変わらないという結論に達した。その物質（水）は不変の粒子からなっており、見かけの変化は粒子の空間的配置の変化にすぎないのかもしれない。ほぼ同じ性質をもって繰り返し出現する他のすべての物質についても、同じことが言えるのではないか？

この考えは西洋思想の長い冬眠の間も完全に失われることはなかった。レウキッポスから2000年後、ベルヌーイはなぜ気体が容器の壁に圧力を及ぼすのか疑問に思った。これは気体の要素がニュートン力学の意味において相互に反発することによって「説明される」べきではないのか？この仮説は馬鹿げているように思えた。というのも、気体の圧力は、他のすべての条件が同一ならば、温度に依存するからだ。相互作用のニュートン的力が温度に依存すると考えるのは、ニュートン力学の精神に反する。

ベルヌーイは原子論を知っていたため、原子（あるいは分子）が容器の壁にぶつかることによっ

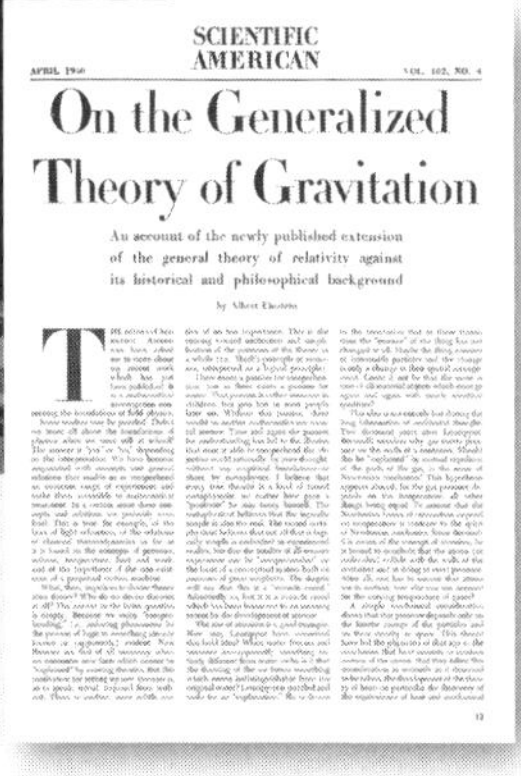
SCIENTIFIC AMERICAN

APRIL 1950 — VOL. 182, NO. 4

On the Generalized Theory of Gravitation

An account of the newly published extension of the general theory of relativity against its historical and philosophical background

by Albert Einstein

アルベルト・アインシュタイン
（Albert Einstein、1879-1955年）
右はサイエンティフィック・アメリカン誌1950年4月号に執筆した記事のトップページ。

て圧力を及ぼしているという結論に達した。つまるところ、原子は運動していると仮定せざるを得ない。それ以外に気体の温度の変化をどうやって説明できようか？

簡単な力学的考察によって、この圧力が粒子の運動エネルギーと空間密度にのみ依存することがわかる。当時の物理学者は、この考察から熱が原子の乱雑な運動からなるという結論に達すべきだった。もしこの考察をその価値にふさわしくより真剣に捉えていたら、熱の理論の発展（特に熱と力学的エネルギーの等価性の発見）はかなり促進されたことだろう。

以上の例は2つのことを物語っている。理論的アイデア（この例では原子論）は経験と無関係に生まれるわけではない。また、経験から純粋に論理的な過程のみによって導かれるのでもない。それは創造的行為によって生まれる。そしてひとたび理論的アイデアが得られると、人はそれを堅持して、容認できない矛盾が生じるまではその理論にとらわれがちであるということだ。

「場」の概念

私の最近の仕事に関して言えば、その詳細を科学に興味を持つ広範な読者に述べることは適切でないと思う。そのようなことは、実験によって適正に立証された理論に対してのみされるべきだ。現在のところ、ここでこの理論について議論するのが有意義だとすれば、それは主に、この理論の仮定の簡潔さと、既知の事柄（すなわち純粋な重力場が満たす法則）との密接なつながりによる。しかしながら、そのような極めて推測的な理論に至る一連の思索について知ることは、多くの読者の興味を引くかもしれない。さらに、その過程でどのような困難にあい、それをどんな意味で克服したかについても述べようと思う。

ニュートン物理では、物体の理論的記述のベースとなる基礎理論的概念は「質点」あるいは粒子だ。すなわち、物質は先験的に不連続であると考えられている。その結果、異なる質点の間に働く作用を「遠隔作用」として考えることが必要となる。この後者の概念は日常の経験にかなり反するように見えるため、ニュートンの時代の人々が（そしてニュートン自身も）それを受け入れがたく感じたのはもっともなことだった。しかし、ニュートン体系がほとんど奇跡的と言える成功を収めたおかげで、彼に続く世代の物理学者は遠隔作用の考えに慣れていった。遠隔作用に対する疑念は長い間埋もれることになる。

しかし、19世紀後半に電磁気学の法則が知られるようになり、それらの法則がニュートン体系と相いれないことがわかった。ここで興味深い疑問が浮かぶ。もしファラデーが通常の大学教育を受けていたら、彼は電磁誘導の法則を発見できただろうか？　そうした教育を受けなかった彼は伝統的な考え方にとらわれることなく、「場」を現実の独立した要素として導入すれば実験結果をうまく説明できることを感じ取った。場の概念の重要性を完全に理解したのはマクスウェルだ。彼は、電磁場の法則が電場と磁場に関する微分方程式の形で自然に表現されることを発見した。それらの微分方程式は電磁波の存在を意味し、その性質は当時知られていた範囲で光の波の性質に対応していた。

この光学の電磁気学への組み込みは、物理学の基礎の統一を追い求める取り組みにおける最も偉大な勝利のひとつだ。マクスウェルはこの統合を、電磁気理論がヘルツの実験によって確証されるはるか以前に、純粋に理論的な考察によって達成した。この新たな知見は、遠隔作用仮説を少なくとも電磁気学の領域では不要にした。この媒介する場が、物体間の電磁相互作用を伝達する唯一の担い手となり、電磁場の振る舞いは微分方程式が表す連続した過程によって完全に決められる。

ここで疑問が生じる。場は真空にも存在する。そうすると、場を「伝達者」の状態として捉えるべきなのか、それとも、それ以上他の何物にも還元できない独立した存在として捉えるべきなのか？言い換えると、場を伝達する「エーテル」が存在するのか？そのエーテルは、例えば光波を伝達する際に、波動状態にあると考えるべきなのか？

この疑問については自然な答えがある。場の概念なしで済ますことはできないのだから、それに加えて仮想的な性質を持つ伝達物質をさらに導入するのは望ましくない。しかしながら、最初に場の概念の必要不可欠性に気づいた先駆者たちは、まだ伝統的な力学的考えが強くしみ込んでいたため、この単純な見方を躊躇なく受け入れることができなかった。だが続く数十年の間に、この単純な見方はしだいに広がる。

基礎概念としての場の導入は、理論全体にある矛盾を生んだ。マクスウェル理論は、荷電粒子間の相互作用を適切に記述するものの、電荷密度の振る舞いについては説明しておらず、つまり荷電粒子そのものを記述する理論ではない。従って、荷電粒子は古い理論に基づいて質点として取り扱わざるを得ない。連続した場の概念と空間に離散的に存在する質点の組み合わせは矛盾しているように見える。無矛盾な場の理論は、その理論のすべての要素が、時間的にも空間的にも、また空間のすべての点において、連続的であることを要求する。よって、質点は場の理論において基本的概念とはなり得ない。このように、重力が含まれていないという事実を別にしても、マクスウェルの電磁気理論は完全な理論とはいえないのだ。

真空中のマクスウェル方程式は、空間座標と時間に関するある種の線形変換に対して不変だ(ローレンツ変換に対して「共変」)。この共変性はもちろん、そうした線形変換を2回以上繰り返しても成り立つ。これはローレンツ変換の「群」としての性質だ。

マクスウェル方程式は「ローレンツ群」を意味するが、ローレンツ群がマクスウェル方程式を意味するわけではない。実際、ローレンツ群はマクスウェル方程式とは独立に、ある速度の値（光速度）を不変に保つ線形変換群として定義される。この変換は、ある「慣性系」から、それに対して一定の速度で運動する別の慣性系へ移る変換に対して成り立つ。この変換群の最も顕著で斬新な性質は、空間的に離れた二点における事象の同時性という絶対的性質を排除してしまうことだ。その結果、すべての物理法則はローレンツ変換に対して共変的であろうと予想される（特殊相対論）。このように、マクスウェル方程式は、その方程式の有効性、あるいは妥当性の範囲をもはるかに超えて成り立つ原則の発見を導いたのだ。

慣性系でのみ成り立つという点では、特殊相対論はニュートン力学と同じだ。どちらの理論の法則も「慣性系」と呼ばれる座標系に対してのみ成り立つと考えられている。慣性系とは、その内部にある「力を受けていない」物体が、その座標系に対して加速していない状態にある系のことだ。しかしながらこの定義は、その物体に働く力が存在しないことを認知する独立した方法がない場合には無意味になる。そして重力を「場」とみなす限り、そのような方法は存在しない。

物体は、慣性系Iに対して等加速度運動している系をAとしよう。系Iに対して加速していないすべての物体は、系Aに対して大きさと方向が同じ加速度で加速している。それらはあたかもAに対する重力場が存在しているように振る舞っている。なぜなら、物体の個別の性質によらない加速度を生じるというのが、重力場の特徴的性質だからだ。この振る舞いを「真の」重力場による効果だとする解釈を排除する理由はない（等価原理）。この解釈に従うと、系Aは他の慣性系に対して加速しているにもかかわらず、「慣性系」であることになる（この議論では、重力場を生む質量なしに、それとは独立な重力場を導入することが許されると考える必要がある。なので、ニュートンはこの議論には納得しないだろう）。

このように、慣性系と慣性の法則、運動の法則の概念は、古典力学においてだけでなく特殊相対論においても、確固とした意味を失う。さらにこの考えを推し進めると、系Aについて時間さえも同一の時計では測れないことになる。それどころか、座標の違いの物理的意味さえも一般に失われてしまう。

これらのすべての困難に照らして、私たちは慣性系の概念に執着するのをやめて、ニュートン体系において慣性質量と重力質量の等価性として表出している重力現象の基本的特徴を説明することを放棄するべきだろうか？　自然現象の整合性を信じる人は、否と答えるはずだ。

絶対的空間 vs 時空という場

以上が等価原理の要点であり、慣性質量と重力質量の等価性を理論に組み込むには4次元座標の非線形変換を受容する必要がある。つまり、ローレンツ群、すなわち「許容できる」座標系のクラスを拡張する必要がある。

では、ローレンツ群の代わりにどのような座標変換群を考えればよいだろうか？　数学は、ガウスとリーマンの基礎研究に基づく答えを示唆している。すなわち、適切なのはすべての連続な（解析的な）座標変換だ。そうした座標変換のもとで唯一不変に保たれるのは、近接した点はほぼ同じ座標で表されるということだけである。座標系は空間（時間も含む4次元的時空間）における各点の位相的秩序のみを表す。自然界の法則を表す方程式はすべての連続な座標変換に対して共変的でなくてはならない。これが一般相対性原理だ。

この手順によって、すでにニュートンが気づき、ライプニッツによって、またその2世紀後にマッハによって批判された力学の基礎にある欠陥が克服される。すなわち「慣性は加速に抵抗するが、そもそも何に対する加速なのか?」という問題である。古典力学の枠組みにおける答えは唯一で、「慣性は空間に対する加速に抵抗する」。これは空間の物理的性質であって、空間は物体に作用するが物体は空間に作用しない、ということになる。これが、「空間は絶対的である」というニュートンの主張のより深い意味だろう。

しかしこの考えは、空間は単に「もの」の性質(物理的対象の隣接性)であって、それと独立に存在するものではないと考えるライプニッツのような人たちを混乱させた。もっとも、彼のこの正当な疑義が当時受け入れられたとしても、それが物理に恩恵を及ぼすことはなかっただろう。なぜなら、ライプニッツの考えを支えるのに必要となる経験的あるいは理論的基礎が17世紀にはまだなかったからだ。

一般相対論によれば、物理的対象から乖離して存在する空間の概念はない。空間の物理的実在は、4つの独立変数(時空の座標)の連続関数を成分とする場によって表される。この特別な依存性こそが、物理的実在の空間的性質を表している。

一般相対性理論は物理的実在が連続な場によって表されることを意味するため、粒子あるいは質点の概念や、さらには運動の概念も基礎的役割を果たし得ない。粒子は、場の強さすなわちエネルギー密度が特に高い、ある限られた空間領域として現れるのみだ。

相対論的理論は以下の2つの問いに答えなくてはならない。①場の数学的性格は何か?②この場が満たす方程式は何か？

第1の問いに関して。数学的観点からは、場は基本的に、座標変換を適用した際にその成分が変換される仕方によって特徴づけられる。第2の問いに関して。その方程式は、一般相対論の前提を満足しつつ、場を十分に決定しなければならない。この要請を満たすことができるかどうかは、場の選び方による。

このような高度に抽象的な要求に基づいて経験的データの中に相関を見いだそうとする試みは、一見絶望的に思える。その手順は事実上、以下の問いに帰着する。一般相対性原理を保ちながら、最も簡単な対象（場）が要求する最も簡単な性質は何か？　形式論理の観点からは、「簡単な」という概念の曖昧さを別としても、この問いの二元的な性格が悲惨なものに思える。さらに物理的観点からは、「論理的に簡単」な理論が「正しい」理論であるという仮定を保証するものは何もない。

もっとも、すべての理論は推測的だ。ある理論の基本概念が比較的「経験に近い」場合（例えば力や圧力、質量などの概念）、理論の推測的性質を判別することはそう容易ではない。しかし、理論がその前提から観測によって検証できる結論を得るために、複雑な論理的過程を経る必要があるような場合、誰でもその理論の推測的性質に気がつく。そのような場合、認識論的解析の経験がなく、自分が精通している分野における理論的思考の推測的性質に気がついていない人たちは、抑えきれない拒絶反応を示す。

一方で、理論の基礎概念と基本仮定が「経験に近い」場合、それはその理論の重要な利点であり、そうした理論がより説得的であることは認めざるを得ない。特に、そのような理論を経験によって否定するのに必要な時間と努力は少なくてすむため、完全に道を誤る危険は少なくてすむ。しかし私たちの知識がより深まるにつれ、物理理論の基礎における論理的簡潔性と統一性を探求する際には、この利点は諦める必要がある。一般相対論が、論理的簡潔性を実現するために、それまでの物理理論をはるかに超えるレベルで「経験への近さ」を放棄したという点は認めなくてはならない。これは以前の重力理論についてすでにいえることであり、統一場の性質を取り入れる試みである今回の新たな一般化理論ではなおのことである。

この一般化理論では、その前提から経験的データによって検証し得る結論を導くことは極めて困難なため、そのような結果はまだ得られていない。現時点でのこの理論の良い点は、その論理的簡潔性と「剛性」だ。ここでいう剛性とは、その理論が正しいか間違っているかのどちらかであり、変更はできないという意味だ。

一般相対論の重力場

相対性理論の発展を阻んでいる最も大きな内在的問題は、先ほどの2つの問いに示されているように、その問題の二面性にある。相対性理論が時間的に大きく隔てられた2つの段階で発展したのは、この二面性が理由だ。その最初の段階である重力の理論は、上で議論したように等価原理に基づいており、また以下の考察によっている。特殊相対性理論によると、光は一定の伝播速度を持つ。真空中で、3次元空間の座標 x_1、x_2、x_3 によって指定される点から時刻 x_4 に発せられた光は、時刻 $x_4 + dx_4$ において、近接する点（$x_1 + dx_1, x_2 + dx_2, x_3 + dx_3$）に到達する。光速を c とすると、これは以下のように表せる。

$$\sqrt{dx_1^2 + dx_2^2 + dx_3^2} = cdx_4$$

また、以下の形に書くこともできる。

$$dx_1^2 + dx_2^2 + dx_3^2 - c^2 dx_4^2 = 0$$

この式は4次元の時空で隣接する点の関係を表しており、座標変換を特殊相対論の座標変換に限れば、すべての慣性系において成り立つ。しかしながら、一般相対性原理に従って任意の連続的座標変換を許すと、この関係式はその形を失う。代わりに、より一般的な形を取る。

$$\Sigma\, g_{ik}\, dx_i\, dx_k = 0$$

ここでg_{ik}は、連続的座標変換のもとである決まったルールに従って変換する座標の関数だ。等価原理に従えば、関数g_{ik}はある特別な種類の重力場を記述している。「場のない」空間を変換することによって得られる場を記述しているのだ。g_{ik}はある特別な変換法則に従う。数学的にいうと、それらはある対称性を持つ「テンソル」の成分であり、このテンソルの対称性はすべての変換において保存される。以下がその対称性の性質だ。

$$g_{ik} = g_{ki}$$

この考えはそれ自身がある示唆をしている。特殊相対論における真空から単なる座標変換で場が生成されることはあり得ないが、この対称テンソルに物理的意味を付してはいけないだろうか？このような対称テンソルが最も一般的な場を表すとは期待できないものの、ある特殊な「純粋な重力場」を表していると言ってもよいだろう。このように考えれば、少なくとも特別な場合について、一般相対論がどのような場を前提とすべきかは明らかだ。それは対称なテンソル場である。

よって、先の問いのうち残るは2番目のみだ。どのような一般共変場の法則を対称テンソルに課すことができるか？

今の時代にあって、この問いに答えることは、そのために必要な数学的概念が1世紀前にガウスによって面の計量理論の形で創造され、そしてリーマンによって任意の次元の多様体に拡張されたおかげで、難しくない。この純粋に形式的な研究の結果は多くの点で驚きだ。g_{ik}の満たすべき場の法則としての微分方程式は、２階微分未満ではあり得ない。すなわち、g_{ik}の座標に関する少なくとも２階微分を含まなければならない。場の法則に２階微分を超える微分が現れないことを仮定すると、一般相対性原理によってその法則は数学的に決まってしまう。その方程式は以下のように表される。

$$R_{ik} = 0$$

ここでR_{ik}はg_{ik}と同様に変換する。すなわち、それも対称テンソルだ。

これらの微分方程式は、質点を場の特異点として表せば、天体運動に関するニュートン理論を完全に置き換える。言い換えると、「慣性系」を導入することなしに、力の法則だけでなく運動の法則をも含んでいるのだ。

質点が特異点として現れるという事実は、それらが対称なg_{ik}の場、すなわち「重力場」としては説明され得ないことを示唆している。この理論からは、正の重力質量を持つ物体のみが存在するという事実さえも、導くことができない。よって明らかに、完全な相対論的場の理論は、さらに複雑な性質を持つ場、すなわち、この対称テンソル場を拡張したものに基づくはずだ。

重力場理論の一般化

そのような一般化を考える前に、重力理論に関連して2つの所見を述べておく必要がある。第1の点は、一般相対性原理が理論的可能性に極めて強い制限を課すことだ。この制限の強い原理なしに重力方程式を思いつくのは、特殊相対性原理を使っても、重力場が対称テンソルによって表されるべきであると知っていても、どんな人間にも不可能だ。一般相対性原理を使わずには、どんなに実験事実を積み重ねても、これらの方程式に到達することはできないだろう。これが、物理の基礎に関するより深い知識を得ようとするすべての試みが、その前提がそもそも一般相対論に従っていない限り私には見込みがないと思える理由だ。

この状況は、経験的知識を、それがいかにわかり良いものであっても、物理の基本的概念や関係を探し出すのに用いることを難しくしており、また、ほとんどの物理学者が現在仮定しているレベルをはるかに超える自由な推測をすることを私たちに強いる。私は、一般相対性原理の持つ発見的意味が重力理論のみに限られると仮定する理由はないし、後にはすべてが一般相対論的枠組みの中に無矛盾に取り込めるだろうから重力以外の物理を特殊相対論によって別個に取り扱ってよいと考える理由もないと思う。

重力を別物とするそのような姿勢は、歴史的には理解できるものであっても、客観的に正当化はできないと思う。重力の効果について現在知られていることが比較的少ないことは、理論の基本的性質の探求において一般相対性原理を無視する決定的な理由にはならない。言い換えると、「重力を除いたら物理はどのように見えるか？」という問いかけは正当化できないと私は信じている。

私たちが気を付けなくてならない第2の点は、重力の方程式が10成分の対称テンソルg_{ik}に関する10本の微分方程式であるということだ。一般相対論的でない理論の場合、方程式の数が未知関数の数と等しければ、通常はその系は過剰決定系ではない。解空間は、その一般解において一定数の3変数関数を自由に選ぶことができるような多様体だ。だが一般相対論的な理論では、これを当然のこととして期待することはできない。座標系を自由に選べるということは、解を与える10個の関数つまり場の成分のうち4つは、座標系を適切に選ぶことによって、ある決められた値に固定できるということだ。言い換えると、一般相対性原理は、微分方程式によって決められる関数の数は10ではなく、$10-4=6$であることを意味する。

これらの6つの関数に対しては、独立な微分方程式を6つしか立てることができない。つまり10本の微分方程式のうち6本のみが互いに独立であり、残りの4本はその6本に4つの関係式（恒等式）で結ばれていなくてはならない。そして実際に、10本の重力方程式の左辺のR_{ik}には、4つの恒等式「ビアンキ恒等式」が存在し、それが方程式の「整合性」を保証している。

このような場合（微分方程式の数が場の変数の数と等しい場合）、それらの方程式が変分原理から得られる場合には、整合性は常に保証される。これは重力方程式にも確かに当てはまる。

しかしながら、10本の微分方程式が6本で完全に置き換えられるわけではない。この方程式系は実のところ過剰決定系なのだが、恒等式の存在のおかげで整合性が失われることがないのだ。すなわち、解空間が致命的に制限されてはいない。この重力方程式が物体の運動法則を決定するという事実は、この（許容可能な）過剰決定性と深く関係している。

これだけの準備をすれば、数学的詳細に入らずに、現在の研究の本質を理解することは容易だろう。問題は、統一場についての相対論的理論を構築することだ。その解への最も重要な糸口は、純粋な重力場という特別な場合については、その解がすでに知られていることだ。私たちが求めている理論は従って、重力場の理論の一般化になっているはずだ。そうすると最初の問いは「対称テンソル場の自然な一般化は何か？」となる。

この問いはそれ自身では答えられず、もうひとつの問いと関連してのみ答えることができる。「場のどのような一般化が、最も自然な理論体系を与えることができるか？」現在議論中の理論についての答えは、対称テンソル場を非対称テンソル場で置き換えなくてはならないというものだ。これは、場の成分に対する $g_{ik} = g_{ki}$ の条件を外すことを意味する。その場合、場の独立成分は10個ではなく16個になる。

残る課題は、非対称テンソル場に対する相対論的微分方程式を設定することだ。この問題を解こうとすると、対称場の場合にはなかった困難に直面する。一般相対性原理のみでは、場の対称部分が従う変換則が反対称成分を含まない（あるいはその逆）ことが主な理由となって、場の方程式を完全に決定することができないのだ。おそらくこれが、このような場の一般化がこれまでほとんど考察されてこなかった理由だろう。場の対称部分と反対称部分を組み合わせることは、それぞれが別々にではなく、その全体の場が意味を持つような定式化においてのみ、自然な手順であることを示せるだろう。

この要請は、実は自然な方法で満たすことができることが判明した。しかし、一般相対性原理とともにこの要請を課しても、場の方程式を一意的に決めることはまだできない。ここで方程式の系が満たすべきさらなる条件を思い出そう。方程式は整合的でなければならない。方程式が変分原理から導かれる場合には、この条件が満たされることは上で指摘した。

これも、対称場の場合ほど自然にではないものの、達成された。気がかりなのは、2つの異なる方法で実現できることが判明した点だ。変分原理から2つの方程式系（E_1とE_2とする）が導かれ、それらは（ほんのわずかながら）互いに異なり、それぞれある特定の不完全性を示している。結果的に、整合性条件を課しても方程式系を一意的には決定できなかったのだ。

実際は、系E_1と系E_2の形式的な欠点が可能な解決手段を示唆していた。系E_1と系E_2に見られる形式的欠点がなく、そのすべての解がE_1とE_2の共通の解になるという意味で両者を結合した系E_3

が存在するのだ。これは、E_3が求めていた系であることを示唆する。であれば、求める方程式系として最初からE_3を仮定すればよいではないか？　だがそのような手順はより詳しい解析なしには正当化できない。なぜなら、E_1とE_2がともに整合的であっても、それは方程式の数が場の成分数より4つ多い、より強く拘束された系E_3の整合性を意味しないからだ。

ある独立な考察によって、より強い系E_3が整合的であるかどうかにかかわらず、それが重力の方程式の実際上唯一の自然な一般化であることが示せる。しかし、E_3はE_1やE_2と同じ意味で整合的な系なのではない。E_1とE_2の整合性は十分な数の恒等式によって保証されており、これはある特定の時刻において方程式を満たす場に4次元空間上の解を表す連続的拡張が存在することを意味しているが、系E_3は同じようには拡張可能でないのだ。これを古典力学の言葉で言うと、E_3系の場合は「初期条件」を自由に選べないということだ。最も重要なのは「系E_3の解空間は物理理論としての要請に応えるだけ十分な拡張性を持っているか」という問いだ。この純粋に数学的な問題はまだ解かれていない。

懐疑論者はこう言うだろう。「この方程式系は論理的には妥当かもしれない。しかしそれは、この理論が自然を表すことを意味しない」。懐疑論者さん、あなたは正しい。経験的事実のみが真実かどうかを決める。それでも、もし意味があってかつ明確な問いの定式化に成功したのなら、私たちは何かを達成したと言ってよいだろう。肯定することも否定することも、多くの既知の経験的事実があるにもかかわらず、簡単ではない。この方程式から実験的に検証可能な結論を導くには、忍耐強い努力に加えておそらく新たな数学的手法が必要となるだろう。

（佐々木節 訳）

訳者ノート

1．文中の「最近の仕事」は以下。

A Generalized Theory of Gravitation. Reviews of *Modern Physics*, January, 1948.（邦訳は「重力場理論の拡張」、『アインシュタイン選集2』湯川秀樹監修、内山龍雄訳編、共立出版、１９７０年）

2．ここでのマッハ原理とは、部分の集合が全体を決めるのではなく、全体が部分を決める、という意味で使っているように思われる。言い換えると、統一理論とは、個々の理論の集合としてボトムアップ的に統一されるのではなく、（何らかの基本原理に基づいた）統一理論があってこその個々の理論だ、というアインシュタインのトップダウン的思考を表現しているのではないかと思われる。

スティーブン・ワインバーグ「統一理論の父」語る

科学史家／サイエンスライター
アミール・アクゼル

ワインバーグ（Steven Weinberg）は40年以上昔のある日、愛車の赤いカマロを運転中に素晴らしいアイデアを思いついた。「レプトンのモデル（A Model of Leptons）」と題したその論文は参考文献や謝辞まで含めても2ページ半たらずの論文だった。

１９６７年の発表当時、ほとんど注目されなかったが、後に世界中で最もよく引用される論文の１つとなり、１９７９年にサラム（Abdus Salam）、グラショウ（Sheldon Glashow）とともにノーベル物理学賞を受賞することとなった。

自然界には４つの力、重力と電磁気力、そして原子核の世界を支配する「弱い力」（原子核の崩壊をもたらす力）と「強い力」（原子核を構成する陽子や中性子を結びつける力）があり、それぞれまったく別物に思える。このうち電磁気力と弱い力について、ワインバーグは両者が「電弱力」という１つの力に統一できる可能性を示した。

電弱統一理論では、電弱力が持つある種の対称性が自発的に破れて、電磁気力と弱い力が生み出されるメカニズムが示されており、弱い力を媒介する電気的に中性な新粒子「ウィークボソン」の存在を予言していた。陽子や中性子を構成する素粒子「クォーク」などが質量を持つのも、この対称性の破れによる。

ワインバーグはまた自然界の第3の力、強い力の理論にも貢献している。現在、物質世界の振る舞いは、これら2つの力の理論、つまり電弱統一理論と強い力の理論（量子色力学）のセットによって理解されている。これが素粒子物理学の標準モデルだ（訳注：標準モデルは電弱統一理論が提唱された後、小林・益川理論などの登場を受け、1970年代前半に完成した）。

その後もワインバーグは自然を奥深く探求、標準モデルを超える理論を提唱している。目指すのは電弱力と強い力、さらに重力をも統一する究極の万物理論の確立だ。ひも理論（弦理論）は、この究極理論の最有力候補だが、ワインバーグはひも理論登場初期の研究でも知られる。一般向け著作も何冊か出しており、2010年には「Lake Views: This World and the Universe」と題したエッセー集を上梓した。

スイス・ジュネーブ近郊にある欧州合同原子核研究機構（CERN）では史上最強の加速器、大型ハドロン衝突型加速器LHCが稼働、ヒッグス粒子（標準モデルを構成する素粒子の1つ。万物に質量を与えるとされる）をはじめとする未知の素粒子の探索が進んでいる。素粒子物理学が革新の時を迎えようとしている今、ワインバーグはどのような展望を持っているのか、ボストン大学の物理学者で科学史・科学哲学が専門のアクゼル（Amir D. Aczel）が聞いた。

――2010年春、LHCが本格稼働し、物理学界は沸いている。この素粒子実験によってもたらされる成果は、量子論と相対性理論によって物理学が革新された20世紀最初の30年間に比肩するものになるとの声もある。

私も大きな期待を寄せている。20世紀初頭のように物理学に革命が起きるかもしれない。確たる根拠があって言うわけではないのだが。その手の大革命はまったく予想もつかない形で起こるに違いないわけで、だから私も予想できない。

現在、標準モデルの次の段階を目指す研究が進んでおり、宇宙誕生初期にどんなことが起こったのか、その解明も進んでいる。それほど遠くない将来、それらが成し遂げられた暁には、いよいよすべてをまとめあげる段階に入る。あらゆる力とあらゆる粒子を説明できる究極理論を構築するのだ。それがどのような姿になるか、現段階では何とも言えないが。

究極理論が完成し、世界のありようを根本から理解する時がくれば、その理論が示す世界観は、一般社会にも広く浸透していくだろう。ただ、究極理論は高度な数学を駆使したものになると予想されるので、一般の人々が全容を理解するには時間がかかると思う。

JEFF WILSON

スティーブン・ワインバーグ
(Steven Weinberg、1933-2021年)
自然界のすべての力を統一する究極理論の構築は現代物理学の最終目標だが、この分野の研究でワインバーグは大きな貢献をした。

ニュートンの理論を理解するのに物理学者でも長い時間を要したのと同じだ。しかし、最終的にニュートンの自然観は今や日常生活の中に浸透し、その影響は経済や生物学、政治、宗教まで幅広く及んでいる。人類が究極理論にたどりつけば、似たようなことが起こるのではないだろうか。

私たちの自然観はどんどん包括的で広範なものになっている。以前は極めて不可解と考えられていた謎、例えば原子を構成する各種の素粒子を結びつける力の振る舞いも、今ではすっかり解明された。しかし、その結果、私たちは新たな謎に直面することになった。各種の素粒子は、それぞれ特有の性質を持っているが、そもそも、なぜそうした性質を持っているのか？

ひとつの謎を解き明かすと、新たな謎が立ち現れるという流れは、これからも長く続くことになるだろう。ただ、これはいわば私の〝ヤマ感〟なのだが、いつの日にか、すべての謎が解き明かされる時がやって来ると思う。それは人類の知的進歩における重大なターニングポイントになる。

――ヒッグス粒子は米国立フェルミ加速器研究所のテバトロン（ＬＨＣが稼働する前の世界最強の加速器）では発見に至らなかった。そのためＬＨＣの最初の大きなターゲットはヒッグス粒子だとしばしば言われる。電弱統一理論と標準モデルはヒッグス粒子とどのように関係しているのか？

まず、これらの理論は電弱対称性の破れというアイデアが大前提になっている。なぜ対称性が破れるのかという疑問がわくが、問題はそこなのだ。サラムと私の電弱統一理論に登場する対称性の破れのメカニズムには新粒子の存在が不可欠で、それがヒッグス粒子なのだ。このシンプルな描像から、ウィークボソン（Ｗ粒子とＺ粒子）の質量比が導き出され、実際の物事をうまく記述しているように思える。

別の可能性もある。対称性の破れが未知の強力な力によって引き起こされ、ヒッグス粒子が実在しない可能性だ。その新しい力は、現在知られている「強い力」よりはるかに強力だと考えられる。

サスキンド（Lenny Susskind）と私は別々にこの理論を研究していたが、私たちは、この理論を「テクニカラー理論」と呼ぶことにした。

テクニカラー理論から導き出されるウィークボソンの質量は電弱統一理論の予測と同じだが、クォークの質量をうまく説明できない。ただ、現在でもテクニカラー理論が有効な理論だと信じて研究を続けている理論物理学者もいる。彼らが正しい可能性もあり、もしそうならばＬＨＣが証明してくれるはずだ。テクニカラー理論の力が実在するなら、未知の粒子が山のように見つかるはずだからだ。

だから、ＬＨＣがヒッグス粒子を発見できなかったとしても、テクニカラー力に関連する粒子のように、ヒッグス粒子を代替する役割を果たす何かを見つけることができる。さらに新粒子がまったく見つからなかったら、理論が数学的矛盾を含んでいることが示されるわけだ。

――ＬＨＣでは超対称性の発見も期待されている。超対称性理論では、ウィークボソンのような力を媒介する粒子と、電子やクォークをはじめとする物質粒子の間に、深い関連性があると想定している。一部の物理学者はアインシュタインが相対論に抱いていたのと同じくらい、超対称性の存在を確信している。先生も同じ見方をしているのか？

私はそうは思わない。特殊相対性理論は、理論が提唱された１９０５年当時、すでによく知られていたマクスウェルの電磁気理論と矛盾しなかった。また当時は「エーテル」の存在が信じられていたが、誰も発見できないでいた。特殊相対性理論は、その理由をうまく説明できた。

もし私が早い時代に生まれ、１９０５年に特殊相対性理論を発見するという幸運に恵まれていたら、アインシュタインと同じく自分の理論は正しいに違いないという確信を抱いただろう。しかし、超対称性理論に対して、そのような感触を持つことはできない。

超対称性を想定すれば、確かに都合のよいことがいくつかはある。まず標準モデルの極めて重要なパラメーターの予測値が改善される。また、超対称性理論は「超対称性粒子」と総称される一群の粒子の存在を予測しているが、それは暗黒物質の候補となる。超対称性は美しい理論で、ウィークボソンなど力を媒介する粒子グループと、クォークや電子など物質粒子グループを統一できるのは唯一、超対称性だけだと考えられる。しかし、これらはいずれも、超対称性の実在を誰もが確信できるほどの説得力を持った決め手にはならない。

――先生は「人間原理」の研究にも取り組まれている。宇宙はたまたま人類が生存できるような自然法則になっていたから、私たちが存在している。私たちが知る自然法則が現在のようになっているのは、それ以上の深い理由などないという考え方だ。特に宇宙膨張を加速させている謎の暗黒エネルギーの密度を説明するには、人間原理こそが最良の説明になると主張されている。

私たちは多くのことがら、例えば粒子の質量や異なる種類の力の存在、4次元時空（3次元の空間と時間の1次元）などを普遍的なものととらえている。しかし、それらは決して普遍的ではなく、変わり得るものなのだ。私たちが宇宙として認識しているものは、実は真の宇宙のごく一部であって、その真の宇宙においては、私たちにとっての宇宙誕生のビッグバンでさえ局所的な出来事にすぎないのかもしれない。

宇宙にはいくつもの領域があり（この「領域」という表現には様々な意味があるが）、領域ごとにまったく異なった性質を持つ可能性がある（注：いわゆる「並行宇宙」には、宇宙が無限に広がっていて多数の独立した領域があるとする考え方や、初期真空から多数の宇宙が生まれているとする考え方などいくつかある）。それらの領域では物理法則や、果ては時空の次元まで違っているかもしれない。そうであっても、それらすべての事象を記述できるなんらかの法則があるはずだが、その法則は、現時点で私たちの想像の範囲をはるかに超えた存在なのだと思う。

人間原理に関する論文を初めて書いたのは1987年で、その考えは今も変わっていない。全宇宙には多数の領域があり、ある領域と他の領域では暗黒エネルギーの密度などの性質が異なっても不思議はないと考えている。リンデ（Andrei Linde）の「カオス的インフレーション」もそうした考え方の1つ。ビッグバンがあちらこちらで起き、それによって生み出された領域では、暗黒エネルギーの密度などの各種パラメーターの値が異なっているという考え方だ。

ホーキング（Stephen Hawking）も書いているが、宇宙は、かの有名な「シュレーディンガーの猫」のように、いくつもの量子状態の重ね合わせになっている可能性がある。シュレーディンガーの猫では、猫が死んでいる状態と生きている状態が併存する。猫が生きていれば、猫は自分が生きていることを自覚できるが、死んでいる状態では何が起こっているのか気づくことは不可能だ。

同様に、宇宙の1つとして、ある程度の広さと寿命を持ち、科学者たちがそれを宇宙全体だと認識して探索しているような状態を考えることができる。そのほかに、非常に小さな空間しか存在しない状態や、非常に短い寿命しかない状態、さらには科学者など宇宙のありようを認識できる主体が存在しない状態が存在しうる。

人間原理の立場に立つと、暗黒エネルギーの密度が、銀河形成が可能な程度に低く、だがそれ以上極端に低くないような（私たちの宇宙のような）宇宙の存在が予測される。暗黒エネルギーの密度が極端に低い宇宙は非常にまれだからだ。

私が1998年、テキサス大学オースティン校の2人の天体物理学者、マーテル（Hugo Martel）とシャピロ（Paul R. Shapiro）とともに行った計算では、宇宙における暗黒エネルギーの密度は、宇宙膨張速度の測定精度を上げれば発見できる程度には大きいという結論に至った。それからまもなく、天文学者らが暗黒エネルギーを発見した。

——先生は異なる2つの研究分野の橋渡し的な役目をされている。1つは宇宙論と一般相対性理論の分野、もう1つは素粒子物理学と量子論の分野だ。両分野を研究した経験が、両者を統合する究極理論の方向性を定めるのに役に立っているか？

今後、宇宙論と素粒子論がどのように統合されるのかまだわからないが、もちろんその方向性を知りたいとは思う。素粒子物理学を研究した経験から、究極理論への道筋らしきものは見えている。しかし、私のアイデアが現実の世界と関連しているかどうかはまだわからず、語るには時期尚早だ。

ひも理論は、重力を量子化する際に現れる発散を処理する唯一の手段だと考えられることが多いが、別の解決法もある。標準モデルで用いられているような、量子場の理論に基づく解決法で、私はこれを「漸近的安全性」と呼んでいる。高エネルギー状態における力の強さを有限に収める手法で、発散する危険がなくなるので「安全」というわけだ。

長い間、このアイデアは暗礁に乗り上げていた。量子重力理論に漸近的安全性を適用できるかどうかを調べるのが困難だったためだ。私は以前、この問題について、いくらかの予備計算を試み、いい線行きそうにも思えたのだが、先に行くのはあまりにも大変だったため断念し、別の研究に移った。

その後、1990年代末から欧州でこの問題を取り上げる研究者が増え、量子重力理論の様々な近似に対して漸近的安全性が検証され、標準モデルの場合と同様に漸近的安全性が数学的にも意義を持つことが示された。

――このアプローチは、ひも理論とどのように違うのか？

この方法は、ひも理論の対極に位置する。ひも理論を採用すれば標準的な量子場の理論を捨てざるを得ず、まったく新しい理論を作り上げる必要がある。ひも理論は新しい方向へと踏み出す大きな一歩だ。一方、漸近的安全性の理論は、私たちが60～70年間をかけて研究してきた古き良き量子場理論の中に、私たちの求めるものがすべて揃っていることを意味する。

私は漸近的安全性こそが進むべき道だとまで言い切るつもりはない。ひも理論の方が正しかったとわかっても、私は驚かないだろう。ひも理論は数学的に美しい理論であり、〝正解〟である可能性はある。ただ、漸近的安全性にも真剣に追求するだけの価値はあると思う。

これまでのところ、どちらのアプローチも究極理論の実現に向けた画期的な成果は出ていない。標準モデルの各種のパラメーター（各種素粒子の質量や電荷の値など）は、理論では何の理由もなしに特定の値が与えられており、真の意味はわかっていない。それらパラメーターの値を、理論そのものから計算で求めることができるかどうかが、究極理論の試金石となるが、ひも理論、漸近的安全性のいずれも、それには成功していない。

例えば各種の素粒子の質量は、なぜ現在のような値になっているのか、この問題は線文字Aのような古代文字で書かれた文書を眺めるのに少し似ている。私たちはみんな同じ文書を手にしているのに、それが何を語っているのかわからないでいる（線文字Aは紀元前18世紀から約300年間、エーゲ海のクレタ島で使われていた文字。現在も解読されていない）。

――物理学以外の本を執筆する時間はどのようにひねり出すのか？

私は物理学が大好きで、過去に戻っても別の人生を選びたいなどとはまったく思わない。ただ、物理学の研究者には冷静さと孤独が求められ、共同研究を行うことが少ない私のような理論家は、特にその傾向が強い。私のしている仕事は、人々の日々の営みとは無縁で、利害や感情が入り込む余地はない。それを理解できるのは限られた少数の専門家だけだ。

一方で、私は、象牙の塔にこもりっぱなしにならないために、物理学以外の物事について考え、書きつづるのが好きなのだ。また、多くの科学者と同様に、自身の研究が多くの人々によって支えられていることを強く意識しているし、一般の人々にも私たちの研究内容や目指すところを知ってもらうべく努力を払うことが必要だと思っている。もしそれを怠れば、一般社会からの支援を受けるにふさわしいとは言えなくなってしまうだろう。

（翻訳協力　関谷冬華）

南部陽一郎 西島和彦
南部さん、西島さんとの60年

東京大学特別栄誉教授
小柴昌俊

南部陽一郎《なんぶよういちろう》さんと西島和彦《にしじまかずひこ》さんは学問のうえでも人生のうえでも約60年にわたって深く尊敬する先輩方だ。南部さんは2008年にノーベル賞をもらわれ、現在もお元気だが（2009年当時）、西島さんは2009年2月15日にお亡くなりになった。その6日前、西島さんから電話で「私の弔辞を頼むよ」と言われたとき、こんなにも早く実際のことになろうとは思いもしなかった。

私にとって生涯の師は朝永振一郎《ともながしんいちろう》先生だが、南部さんと西島さんも私にとってかけがえのない存在だ。お二人との思い出を語りたい。

南部さんは私より5年上の1921年の生まれで、戦争中の1942年に東京帝国大学物理学科を卒業された。西島さんと私は同じ1926年の生まれで、生まれ月は私の方が1カ月早い9月だが、東京大学では私の方が3級下になっている。その理由はここでは説明しないが、私は西島さんを本当に尊敬する先輩として60年間にわたって従ってきた。

　お二人に初めて会ったのは1951年の夏。場所は東京・本郷（東京大学）ではなく、大阪・梅田の近くにある焼け残った扇町小学校だった。当時、できたばっかりの大阪市立大学の物理教室が扇町小学校に間借りしていて、南部さんは20代にして、そこの理論物理の教授、西島さんはその下で助手をされていた。

　私はその年の春、東京大学の物理学科をビリで卒業したのだが、何とか大学院に進んで素粒子論の山内恭彦《やまのうちたかひこ》先生の研究室に置いてもらうことになった。当時、大学院は試験などなくて、先生が「いいよ」と言えば入れたのだが、山内先生はよく入れてくれたと思う。そのころ素粒子物理学の分野では武者修行のような習慣があった。先生たちの間で学生どうしを行き来させようという話がまとまって、私が門をたたくことになったのが、大阪市立大学にあった新進気鋭の南部さんの研究室というわけだった。

　実は南部さんが教授になるにあたって、心配した大阪市長が朝永先生を訪ねたことがある。市長は「そんな30にもならない若造で大丈夫か」と心配したわけなのだが、朝永先生が「この人なら大丈夫ですよ」と太鼓判を押した。それで、南部さんは要するに、その当時の日本の素粒子物理で一番できのいいやつを研究室に集めた。

　南部さんの下の助教授の早川幸男《はやかわさちお》さんと講師の山口嘉夫《やまぐちよしお》さんもやはり大学の先輩で、早川さんは後に名古屋大学の学長になったし、山口さんは物理学関係学会の国際組織、国際純粋・応用物理学連合（ＩＵＰＡＰ）の会長に日本人で初めてなった。そして助手の西島さんは、その後、数年を経ずして、同僚の助手で大阪大学から来た中野董夫《なかのただお》さんと「中野・西島・ゲルマンの法則」を発表して世界を驚かせた。

ただ、私はといえば、南部さんのところに行くときには「俺はどうも理論はできないらしい」と思い始めていた。

そのころ湯川秀樹《ゆかわひでき》先生のノーベル賞受賞を記念した読売湯川奨学金というのがあった。大学院に進んでも、学費のあてはなかったので、この奨学金がどうしてもほしかった。しかし、それをもらうには英語で論文を書いて通らなきゃならない。それで先輩二人の助けを借りて一生懸命、ミュー中間子（μ粒子）の核相互作用の計算をやった。先輩に怒られ怒られ、しょっちゅう直されながらようやく書き上げた。それが私にとっての最初の論文で、首尾よく奨学金をもらえたのだが、その経験からいって理論には向いていないことを実感した。

悪戦苦闘の武者修行

そういう私が南部さんのところに武者修行に行ったわけだ。どうせ宿屋に泊まる金はないから、

小柴昌俊

半世紀前のシカゴで

「1955年、私がロチェスターで学位を取って、シカゴに移ったその翌月の8月に、シカゴにいた物理屋が集まってピクニックをした。テーブルを囲む人々の中で、左の列の手前から菊地良一さん、1人おいて私（小柴）、1人おいて藤井忠男さん、南部さん、右の列の手前から3人目が2007年まで日本学士院長をされていた長倉三郎さん、その向こうの女性が南部夫人」（小柴）。

貸布団屋で布団を1カ月借りて、研究室の机の上で寝ていた。それで研究室の勉強会などで、南部さんや西島さんなどものすごくできのいい人たちが物理の議論をするのだけれど、こっちは聞いてもわからない。だから話に入ろうにも入ることができない。「俺は一体、どうしたらこの人たちと話が通じるようになれるだろうか」と思い悩んでいた。南部さんは、そのもがき苦しんでいた私の様子を1カ月間ずっと見ていた。

それから半世紀近くが過ぎた1997年に私が文化勲章をもらったとき、シカゴの南部さんからファクスが送られてきた。サルがひっくり返っていて、その横に本が開いてある図柄に「物理屋になりたかったんだよ。」という言葉が添えられていた（左ページ）。

それをぱっと見たとき「ああ、南部さんは、あの武者修行のころの私を思い出してくださったんだな」と思った。あの当時の君はこんなふうだったねって、からかいながら文化勲章をもらえたのをお祝いしてくれたわけだ。

武者修行の当時、南部さんとどんな話をしていたのかというと、何ということはないような話。ただつまらないことを話し合っては、げたげた笑ったりしていた。私は朝永先生とお会いすると、いつも物理と関係ない何ということのない話をしながらお酒を飲んでいた（小柴昌俊「朝永先生に酒を学んだ30年」日経サイエンス２００６年11月号）。その当時の私と南部さんとのお付き合いも似たようなものだったのではないかなと思っている。

振り返れば、私は朝永先生の推薦でアメリカのロチェスター大学に留学することができ、東京大学物理学科の助教授になれたのも朝永先生のおかげだったと思っている。一方、南部さんも朝永先生の太鼓判で大阪市立大学の教授になられ、朝永先生の推薦でプリンストン高等研究所に行かれて現在に続く米国での研究生活に入られた。南部さんはどう思われているかわからないが、南部さんを育ててくれたのも、私を育ててくれたのも朝永先生だと、私は思っている。

西島さんも話されたかもしれないが、南部さんは映画が好きで、それにまつわる思い出話がある。

「南部さんから送られてきたファクス」

1997年に小柴氏が文化勲章を受章したとき、南部陽一郎氏から送られてきたお祝いのファクス。実はこの画像にはオリジナルがある。新潮社の「芸術新潮」1996年11月号に掲載されたホルベイン工業（絵具や顔料などの総合メーカー）の絵具のPRページだった（制作：博報堂、クリエイティブディレクター：三條場 章、アートディレクター：殿村勝巳、コピーライター：岩橋孝治、フォトグラファー：田中祥介）。オリジナルのキャッチコピーは「小説家になりたかったんだよ。」。南部氏は、「小説家」を「物理屋」に書き換えて小柴氏に送った。旧知の間柄である小柴氏をびっくりさせようと、楽しそうに画像作りに取り組む南部氏の姿が、このファクスから浮かび上がってくる。

私が研究室に寝泊まりしていたある日のこと、朝8時過ぎに、どやどやとマスコミの記者たちが飛び込んできて「先生はどこですか」っていうから、「まだ来てないよ」というと、記者たちは「そんなはず、ありません。自宅を出られたはずです」という。

新聞記者が来たのは、その少し前、南部さんが発表した「素粒子の質量スペクトル」という論文の取材のためだった。マスコミの人はそんな話が好きだからだ。しかし、南部さんが研究室にやってきたのは、もう日もかなり傾いたころだった。「どうしたんですか」と聞いたら、「いや、梅田で映画を見ていた」と涼しげな顔をしていう。結局、新聞記者は待ちぼうけをくらってしまった。

またある日のこと。南部さんが、ほっぺたのあたりにひっかき傷を作ってきた。「南部さん、どうしたんですか」と聞いたら「いやあ、うちの子がこの頃、ひっかく癖ができてね」と。へえ、そんなに大きくなったのかと思って、なけなしのお金をはたいて、おもちゃを買って、南部さんのうちに行った。そうしたら「ひっかく癖ができた子ども」というのは、実は、まだゆりかごに入っているような小さい子どもだった。南部さんは具合の悪そうな顔をしていた……。

シカゴでの再会

結局、理論物理については何の成果もなく大阪を去ることになった。その後、湯川奨学金のときに面倒を見てもらった先輩の一人の藤本陽一《ふじもとよういち》さんの誘いもあって、素粒子実験、特に宇宙線実験の方に進むことになった。

素粒子論では日本には湯川先生や朝永先生、南部さんなどそうそうたる方がおられるが、素粒子実験となると日本でやっていたのでは「井の中の蛙」になる。そこで「世界の本場に出かけて修行しなければならないだろう」と藤本さんと話し合った。それで藤本さんは本家本元のイギリスのブリストル大学に行き、私は朝永先生の推薦でアメリカのロチェスター大学に行くことになった。

このロチェスター行きが私にとって本当の武者修行だった。本当に夜も昼も一生懸命働いて1年8カ月で学位を取った。いまだにロチェスターでは学位取得の最短記録として残っている。

ロチェスターに行って4カ月ほど過ぎたころ、素粒子物理学の国際会議がロチェスターであった。そのとき私が訥々とした英語で話していて、やけに馬が合った男がいた。「狭いけれど私の借りている部屋で、今晩すき焼きを作るから、お前、来ないか」と誘うと「ああ行くよ」といってやって来た。物理も素晴らしくよくできるし、ものすごく人柄がいい男だった。以来、とても仲良くなって、約20年前に彼が亡くなるまで親しく付き合った。その男の名前はファインマン（Richard P. Feynman）。彼は後に朝永先生と一緒にノーベル物理学賞をもらうことになった。若い時代の私とファインマン、南部さんなどが一緒の写真が新聞や本に載ることがあるが、それにはこうした背景がある。

ロチェスターで学位を取った私は、宇宙線研究の第一人者であるシカゴ大学のシャイン（Marcel Schein）教授の下で研究することになった。そのとき南部さんはすでにプリンストンからシカゴ大学に移っておられ、再会を果たすこととなった。

私はまだ独身で、学位を取ったので給料もうんとよくなった。まあ、人生で一番いいときだった。だから、アメリカ人の女の子なんかと、しょっちゅうデートしていたのだが、そうするといくら給料がよくても、すぐにお金がなくなってしまう。そうなると南部さんの家へ行って、南部夫人に「お金を貸してください」とお願いすると、「またデート？」って言いながらも貸してくれた。それでデートをして戻ってくると「どうだった？」と問いただされたりした。私のことを弟みたいに思っていらしたかもしれない。もちろん借りたお金はちゃんと返していた。

シャイン教授は、いろいろ私のことを案じて給料を上げてくれていたのだが、上等の新車を買ったり、デートにお金を使ったりで、しょっちゅうぴいぴいしていることに変わりはなかった。南部夫人は、シャイン教授夫人と親しくて、「小柴はお金がなくて困ってるらしいわよ」なんてことを言ったらしい。そうするとシャイン夫人は「そうですか？　主人は小柴さんに特別の給料をあげているはずなんですけどねえ」などと言われたという。

アメリカでは、「これは」と思う業績の上がっている人を自分のところの教授に採りたいということで、競争が激しい。だから南部さんも、ほかの大学から誘いがかかることもあり得るわけで、

小柴昌俊

南部さんの家で
「1969年夏、シカゴの南部さんのご自宅に伺ったときに撮影した。右から順に、南部さん、私の亡くなったボスのシャイン教授の奥さん、私（小柴）、南部夫人」（小柴）

シカゴ大学の物理教室の主任は、私のところへしょっちゅう聞きに来ていた。「南部のところへ誘いは来てないか？」と。つまり情報収集というわけで、それで私は「来てるぞ、来てるぞ。それで南部は今、一生懸命考え込んでるぞ」と言うと、その教室主任があわてて南部さんの給料を上げるということに相成った。

そのころ、私はシャイン教授にシカゴ大学の同僚のチャンドラセカール（Subramanyan Chandrasekhar）教授という高名な天体物理学者を紹介してもらって、宇宙線の起源を研究して論文を書いた。この論文に注目したのが、当時すでに宇宙線研究の実力者になっていた早川幸男さん。東京大学原子核研究所の助教授に推してくれたのも早川さんではないかと想像している。

それで1958年春に帰国して原子核研究所に勤めるようになったのだが、シャイン教授の誘いを受け、翌1959年11月には長期出張の形でシカゴ大学に戻り、宇宙線実験に取り組むこととなった。実は再渡米する1カ月ほど前、お見合いを重ねた末に家内と結婚したのだが、2度目のシカゴ時代には、家内もずいぶん南部夫人に可愛がっていただいた。

私がシカゴで新婚生活を送るようになったころ、西島さんもシカゴの近くにあるイリノイ大学で教鞭をとるようになった。西島さんご一家がシカゴの私の家に来て、南部さん夫妻も加わってみんなでパーティーをしたりしたこともあった。大阪の焼け残った小学校の研究室で南部さんや西島さんと会ったのが10年ほど前のこと。その間、三人三様、波乱に富む研究人生を歩んだ後、それぞれ伴侶を得て異国の地で顔を合わせ、それぞれが定めた研究の道をたどることになろうとは予想もしないことだった。

宇宙線実験の方はなかなかうまくいかず、苦労していたところにシャイン教授が心臓麻痺で急死し、こともあろうに学位を取ってまだ4年そこそこの私が実験の指揮をとることになった。この実験はアメリカ政府から100万ドルの研究費を得て実現した世界12カ国の物理学者が加わる大がかりなもの。米海軍の空母なども動員して、巨大な気球に吊した原子核乾板を高度30キロメートルまで持ち上げて宇宙線による衝突反応を起こし、そのデータを記録した乾板を回収する計画だった。

実験はどうにか成功裡に終わって、反応が記録された大量の原子核乾板を日本に持ち帰ったのだが、その取り扱いをめぐって、原子核研究所の運営委員会の先生方と大喧嘩をして、辞めることになった。それで今度は、朝永先生の尽力を得て東京大学物理教室の助教授になることとなったのだが、その経緯は以前に書いた（小柴昌俊「ニュートリノ研究の原点にあった朝永先生の尽力」日経サイエンス2008年7月号、別冊日経サイエンス164『ニュートリノで輝く宇宙』に収載）。

1963年11月、東京大学理学部の助教授となった私は自分の研究室を発足させた。以来、1987年3月に定年で退職するまでの約四半世紀、国内では奥飛騨の神岡の地下で宇宙線実験や陽子崩壊の探索、ニュートリノ実験などに取り組むと同時に、海外では加速器を使った国際共同実験を進めることになった。まず1964年1月に須田英博君が助手として着任し、同年4月には折戸周治《おりとしゅうじ》君と山田作衛《やまださくえ》君が大学院1年生として入り、その翌年には戸塚洋二《とつかようじ》君らが加わった。

いろいろ研究をしていて、「こうではないか」と勘で思ったけれども証明できないときは、まず南部さんに聞いた。私の在職時、電子メールやインターネットなどという便利なものはなかったので、やりとりはもっぱらファクスだった。「わからないときは南部に聞け」というのは世界の物理学者の間では結構知られた話で、実際、私がシカゴにいた当時、南部さんの研究室には、いろいろな人が訪れていた。

私が問い合わせのファクスを送ると、その翌日くらいには南部さんから答えのファクスが送られてくる。だいたいは5〜6行の簡潔な文章なのだが、こちらにとってはあまりに簡潔すぎて理解できない。そこで私が大学院時代にお世話になった山内恭彦先生の研究室の先輩で、後に東京大学原子核研究所長などもつとめた武田暁《たけだぎょう》さんに南部さんからのファクスを見せて「もう少し自分にもわかるように説明してほしい」とお願いする。そうすると、南部さんの言葉を2ページくらいの文章に〝翻訳〟してくれて、それでようやく理解することができた。

私が一流の理論物理学者として尊敬しているのは南部さんや西島さん、武田さんなど本当に数えるほどしかいない。もちろん朝永先生やファインマンなどもそうだ。そして私はなぜか、そういう人たちとは仲がいい。南部さんのノーベル賞受賞が決まった日、南部さんに国際電話をかけて「お元気なうちにもらわれてよかったですね」と申しあげたら、笑いながら、ありがとうとおっしゃっていた。

国際共同の加速器実験に挑む

では、一流の理論物理学者とはどんな人のことをいうのか？　実験家の私は、きわめて簡単な評価法を持っている。それは自分の理論の適用限界を常に意識しているかどうかということだ。

私が東京大学の物理教室で研究室を持って5年目の1968年のことだった。その年の3月、ソ連（当時）のモスクワで宇宙線の国際会議があって、ブドケル（Gersh Budker）という人と夕食をともにする機会があった。ブドケル博士はソ連のノボシビルスクにある核物理学研究所で加速器を使って電子・陽電子衝突実験の準備を進めていて、私に国際共同実験を持ちかけてきた。それで現

西島さんご一家とともに

「シカゴ滞在中の1960年12月27日に撮影した。前列右から順に、私（小柴）、西島さん、西島夫人と西島さんの長男の冬彦君、西島さんの真後ろに立っているのが私の家内で、家内の左横の女性が抱いているのが私の長男だ」（小柴）

地を視察して、やはり魅力的な提案だと思ったので、物理教室の会議で、国際共同実験として実施するための概算要求を物理教室を通して出したいと提案した。

物理教室内の素粒子論学者の先輩諸氏は声を揃えて言った。「そんな実験を大金を出してやっても、量子電気力学が正しいという既にわかりきったことを改めて確かめるだけだ。わざわざ実施する必要はない」。理論をよく知らない一助教授が何を言うかという雰囲気で、私の提案は否決されるのが確実に思われた。

そのときだった。西島さんが口を開いたのは。当時、西島さんもイリノイ大学から戻られて物理教室の主任になられていた。西島さんは次のように話されたと記憶している。

「確かに理論の先生方がおっしゃるように、この実験は電子と陽電子と電磁波だけが関与する実験ですが、これだけ高エネルギーで電子と陽電子を対消滅させる実験は、これまで行われたことはありませんから、まったく予期しなかった結果が出る可能性がありますね」

この西島さんの発言で、私の予算要求が物理教室から出せるようになった。ただ、残念なことにノボシビルスクでの国際共同実験はブドケル博士が心臓麻痺で倒れたことで見切りをつけざるを得なくなった。

私はヨーロッパの研究所をめぐって新たな共同実験先を探した。そして1972年、西ドイツ（当時）・ハンブルクにあるドイツ電子シンクロトロン研究所（DESY）の新鋭加速器DORISを使った電子・陽電子衝突の国際共同実験が本決まりとなった。

DORISの実験では、当時、米国で見つかったばかりのチャームクォークの詳しい性質を調べ、次に稼働した加速器PETRAでの共同実験ではクォークどうしを結びつける「強い力」を担う素粒子グルーオンを発見した。ご存じのように、強い力の理論である量子色力学では、南部さんがパイオニア的な貢献を果たした。

さらに私たちは国際共同実験の場をスイス・ジュネーブにある欧州合同原子核研究機構（CERN）に移し、大型加速器LEPを使ってニュートリノが3種類存在することを明らかにした。これによって、いわゆる素粒子の世代が3世代限りであることが確定した。

　そして2009年秋、CERNでは私の研究室の伝統を汲むグループが中心となって、超大型加速器LHCによる国際共同実験が始まる。こうした国際共同実験の伝統も、そのおおもとをたどれば、西島さんのおかげといえる。

　西島さんは、大阪市立大学での武者修行で私がもがいていたとき、南部さんと同じように温かく見守ってくれた。東京大学の物理教室で私が苦しい立場に立ったときは後押しもしてくれた。西島さんはいつも優しい笑顔を浮かべていた。それは私にとって非常に頼りがいのある笑顔だった。

　振り返ってみれば、私が東京大学に入るときに朝永先生と出会い、そして大学院に進んだときに大阪市立大学の南部研究室の先輩方、南部さんや西島さん、早川さんなどと出会った。そうした出会いがあって、研究人生に踏み出せたことは非常に幸運であり、ありがたいことであったと思う。

　最後に改めて西島さんのご冥福をお祈り申し上げ、筆をおきたい。

南部陽一郎

素粒子物理学の予言者

マドゥスリー・ムカジー
ジャーナリスト／ライター

私が初めて南部陽一郎を見たのは、10年ほど前のこと（1995年執筆当時）で、場所はシカゴ大学大学院の物理学セミナー室であった。上着をきちんと着た背の低い人物が、ヘビのように長くくねったチューブの図を黒板に書いていた。彼は、このチューブを超伝導体の中の渦と言ったり、クォークを結び付ける紐と言ったりした。このように、かけ離れた世界にまたがるアイデアに当惑し、また、引き付けられもして、私は彼に指導教官になってくれるように頼んだ。

1対1で話しても、南部の言うことを理解するのは難しかった。こう感じたのは私が初めてではない。カリフォルニア大学バークレー校のズミノ（Bruno Zumino）は、こう回想している。「私はあるとき、南部が今何を考えているかがわかれば、ほかの人たちより、10年先んじることができると思いついた。そこで、彼と長い時間かけて話し合った。しかし、彼が何を言わんとしているのかを理解するのに10年かかった」。また、プリンストン高等研究所のウィッテン（Edward Witten）によると「南部はあまりに先見の明があるので、人々は彼を理解できない」。

　南部は超伝導体のような物質が系の対称性を壊すとき、新しい粒子が生成されることを初めて見いだした人物である。また、彼は当時ニューヨーク州にあるシラキュース大学の大学院生であったハン（Moo-Young Han）とともに、クォークを結び付けているグルーオンの存在を提唱した。さらに、南部はクォークが紐で結び付けられているように振る舞うことを見いだし、後に組理論の基礎となるアイデアを提出した。サンタフェ研究所のゲルマン（Murray Gell-Mann）は、「私たちは、非常に多くの問題について、深い洞察を陽一郎から学んだ」と言う。

　南部の独創性の根源は、戦前の日本で送った特異な少年時代にあるかもしれない。彼の父、南部吉郎《きちろう》は、家を出て大学に通っていた。そこで、妻となるキミコと出会った。南部は、1921年に東京で生まれたが、2歳のときに関東大震災で東京は壊滅した（彼は今でも震災の火事をぼんやりと覚えている）。このため、東京には住めなくなり、吉郎は妻と幼い南部を連れて郷里の福井市に帰らざるを得なかった。

　故郷に戻った吉郎は、教師となり、郊外に家を建てた。このことが、後に連合軍の空襲から免れることになる。吉郎は、東京からさまざまな書物を持ち帰っていた。息子の陽一郎は、この書物を読むことで、抑圧的な学校の雰囲気を忘れ、精神の世界で自由の空気を吸うことができた。

　福井は当時、日本でも最も軍国主義的な学校教育を行っており、これを誇りとしていた。生徒たちは寄せ集めの軍服を着て、いわゆる軍事教練をしたり敬礼を交わすことを教えられた。「上級生に出会っても敬礼をしなかったときは、殴り倒されても仕方がなかった」と、南部は回想する。そこで、「いつもすべての人に目を配っていなければならなかった」。真冬の朝4時に1・6キロメートルを歩いて学校に行き、暖房のない道場で裸足で剣道の稽古をした。体の弱い子供にとっては、学校は本当の軍隊と同じくらい厳しいものであった。

学校は精神教育も忘れなかった。英雄的な行為、例えば、天皇の御真影を火事から守って死んだ教師の話などが、授業で教えられた。父の吉郎は反権力的な考えをもっていたので、南部はこうした教育の影響から守られた。しかし、それは同時に、学校の仲間たちとうまく付き合うことを難しくした。「私は、ほかの生徒たちと同じようになりたいとずっと思っていた」と南部は言う。大きくなるにつれ、戦前の日本では父親のような考えをもつことは危険であると南部は悟り始めた。

そこで南部は、自分の考えを外に明かさないようにする術を身につけた。この性質は、軍隊時代だけでなく、物理学者になった後にも見られる。彼の独創性は、外で起きていることを知りつつもそれを無視し、自分で問題を考え抜かなければならなかったところに、その起源があるのかもしれない。

1937年に東京の第一高等学校に入学すると、南部は自由な学びの雰囲気を感じるとともに、同級生が洗練されているのに引け目を感じた。授業科目の中では、物理が特に苦手だった。「エントロピーというのが理解できず、熱力学の単位を落としてしまった」という。しかし、中間子論を提唱した湯

アフロ

南部陽一郎　（なんぶ よういちろう、1921-2015年）
「このような優れた示唆を与えることができる人は、ほかに誰もいないと思う」。エドワード・ウィッテンは南部をこう評した。写真はノーベル物理学賞（2008年）の発表当日シカゴ大学にて。

川秀樹の影響も多分にあって、南部は東京大学の物理学の修士課程に進んだ。

新しい同級生の中には、地下活動に参加している者もいた。当時、日本は中国と戦っていた。「私たちは勝利だけを知らされていたが、彼らは、どういうわけか、虐殺のあったことや負け戦についても知っていた」。修士課程の授業は切り上げられ、6カ月早く修了となり、徴兵されて軍隊に入った。

南部は陸軍でざん壕を掘ったり、ボートをかついだりした。「体はきっかったが、上官に服従している限り、自由にさせてくれた」。

1年たつと、彼は短波レーダーの開発部門にまわされた。海軍はすでにこうした装置を備えていたが、陸軍は立ち遅れていた。南部のチームも成功しなかった。「丘の上にシステムをセットして試してみました。海に金属の棒をのせた船を出して、電波を反射させてみたのです。けれども、肉眼でも見えるところにいるのに私たちのレーダーには映りませんでした」。

彼は次に、海軍の機密文書になっていた、場の理論を導波管の研究に応用した朝永振一郎の論文を盗み出すように命じられた〔その少し前に、ハイゼンベルク（Werner Heisenberg）の場の理論の論文がドイツから1年がかりで潜水艦で運ばれていた〕。南部は、単に朝永に頼むことでこれらの論文を手にいれ、物理学の最新のアイデアにふれることができた。

生活は楽だった。所属部隊は、ゴルフクラブに間借りしており、南部の手伝いに来ていた飛田《ひだ》智恵子《ちえこ》との間にはロマンスが芽生えていた。日常生活を送る上では、戦争は遠くのできごとのように思えた。しかし、ある晩、南部はB29の編隊が大阪の上空を飛んで行くのを見た。B29は大阪に爆弾を落とすかわりに、福井を爆撃した。南部の祖父母は亡くなったが、両親は無事だった。

戦争が終わると南部は智恵子と結婚し、上京して研究生活に戻ることになった。住む家はなく、南部は3年間も研究室に寝泊まりした（智恵子は母親の世話をするために、大阪に残っていた）。ガス代や電気代はタダで、消火用の水で風呂に入った。計算間違いを詫びて髪を剃った逸話のある勤勉な木庭二郎《こばじろう》は、朝早くに研究室にやって来ては、2人の机にまたがって寝ている南部を慌てさせた。「いつもお腹をすかせていた」と南部は言う。食べ物を探すのに、大半の時間を費やした。残りの時間は、物理のことを考えるのに使い、レジの巻き紙を使って計算をした。朝永の学生であった木庭は、南部に朝永の仕事の進展を伝えていた。隣の研究室にいた物性物理学のグループも南部に刺激を与えた。

西側諸国の情報は、時折届く *Time* 誌を通して入ってきた。後になると、進駐軍の作った図書館が情報不足を補うのに役立った。しかし、日本人研究者が自分で再発見しなければならないことが多かった。また、発見が他に先立ってなされることもあった。1949年に大阪市立大学に移った後、南部は後にベーテ・サルピータ一方程式と呼ばれるようになる束縛状態の方程式を見いだした。また、ほかの研究者とともに、彼は〝奇妙な粒子〟の対生成を予言したが、これは通常、パイス（Abraham Pais）の業績とされている。

1952年に南部はプリンストン高等研究所に招かれた。研究所には、才能にあふれた競争心の強い若手研究者がそろっていた。「誰もが私よりも頭がいいように思えた。私はもくろんでいた仕事ができずに、すっかり落ち込んでしまった」。数十年後に、私のポストドクトラルフエローとしての研究の悩みを和らげるために、南部はこう手紙を送ってくれた。シカゴ大学に移った後、1957年に彼は新粒子を予言して、あざけりの的になった。しかし、南部の予言したω粒子は、翌年、加速器で見つかった。

この頃、南部はシュリーファー（J. Robert Schrieffer）から、バーディーン（John Bardeen）、クーパー（Leon N. Cooper）とともに作り上げたばかりの超伝導理論の話を聞いた。シュリーファーの話は南部を悩ませた。彼らの理論は、粒子数の保存という自然界の最も基本的な対称性を壊していたからである。この問題を解決するのに、南部は2年を費やした。

おいしそうな食べ物を入れた2つの器があって、そのちょうど真ん中に犬がいるとしよう。全く同じ器は、入れ替えに対して2次の対称性をもっている。犬は結局、どちらかの器を選ぶが、この対称性が完全に崩れるわけではないので、犬は決心がつかずに、一方の器からもう一方へと、渡り歩く。量子力学の法則では、このような振動は新しい粒子、すなわちボソン粒子を生み出すことになる。

南部によると、パーディーンや当時ベル研究所にいたアンダーソン（Phillip W. Anderson）、イリノイ大学にいたリケイゼン（Gerald Rickayzen）といった他の物理学者たちも、超伝導体にこうした粒子が現れることに気がついていた。しかし、この粒子が生み出される状況を詳しく調べ、その存在の意義を強調したのは南部である。彼はまた、π中間子がクォークのもつ左右の対称性を破ることにより、超伝導体中の粒子のように生成されることを示した。自然界に、もっとこうした粒子が存在するのかどうかを問いかけながら、南部はプレプリントを書き、自分の発見を発表した。

当時、欧州合同原子核研究機構（CERN）でポストドクトラルフェローをしていたゴールドストーン（Jeffrey Goldstone）はただちに、南部の仕事の重要性を見抜き、簡単で一般性のある導出法を発表した。この後、新粒子はゴールドストーン・ボソンと呼ばれるようになった（ゴールドストーンは、「少なくとも、南部－ゴールドストーン粒子と呼ばれなければ不公平である」と言っている）。南部が1960年になって発表した論文には、もともと質量のない粒子が磁場の影響を受けて質量を獲得する様子が説明されている。

これは、アンダーソン、当時はプリンストン高等研究所にいたヒッグス（Peter Higgs）、そしてほかの人々によって、一般性をもっ現象として認識されたもので、後に、標準理論のヒッグス機構として用いられた。その後、南部はクォークの力学を研究し、クォークはカラーの自由度をもっグルーオンによって結び付けられていることを示唆した。「彼は、私たちにはまだクォークの力学の見当もついていなかった1965年にすでにこの仕事を出している」とゲルマンは言う。1970年に南部は素粒子の散乱にまつわる複雑な数式を調べ、それから素粒子の弦モデルを見いだした。1980年代には彼の「弦作用（Nambu action）」は弦理論のバックボーンとなった。「彼は物理的な描像を書き上げる驚くべき力をもっている」とシカゴ大学のフロイント（Peter G. O. Freund）は言う。私は南部と一緒に研究をしてみて、彼が1つの問題を同時にいくつかの異なった方向から見ることができるのに気がついた。それはあたかも、彼が少なくとも2つ以上の心の目をもっていて、問題を立体的にとらえることができるように思えた。

南部は控えめな人物であるが、時がたつにつれ、先見性のある予言者として知られるようになった。「このような優れた示唆を与えることができる人は、ほかに誰もいないと思う」とウィッテンは言う。

フロリダ大学のラモン（Pierre M. Ramond）は、素粒子物理学の進路は、何度も南部の論文によって予言されてきたと言う。

このところ南部は、クォークがどのようにしてさまざまな質量の値をとるのかという問題を考えている。彼は、何か歴史的な偶然、例えば宇宙の発展の異なる段階でいろいろなクォークが生まれたといった可能性を指摘する。

また、彼の思考は生物学や、かつての敵であるエントロピーへと向かう。南部によると、ウイルス程度の大きさの粒子を、先端のとがった小さな容器に入れると、重力やエントロピーの法則を破るように見えるという。もしかしたら、これは生命がエントロピーの法則に逆らって誕生し、進化してきた秘密を解く、カギを秘めているのかもしれない。これは予言だろうか、単なる空想だろうか？　10年後に私たちは知ることになるだろう。

（江口徹 訳）

2

政治に翻弄された科学者

ロバート・オッペンハイマー

オッペンハイマー その知られざる素顔

日本経済新聞社編集委員
青木慎一

1955年9月、数学者の淡中忠郎《たんなかただお》は、米ニュージャージー州にあるプリンストン高等研究所に客員研究員として招かれ、挨拶のために所長室を訪れた。淡中が名乗ると、所長のオッペンハイマー(J. Robert Oppenheimer)は冗談めかしてこう言った。「この研究所は日本軍の精鋭部隊に占領されているんだ」。当時、高等研には淡中も含めて日本人数学者7人、物理学者3人の計10人が在籍していた。

第二次世界大戦中、米国の原子爆弾の開発プロジェクトを率いて成功に導き、世界初の原爆を作り出した「原爆の父」オッペンハイマーは、戦後、所長を務めた高等研に多数の日本人研究者を招いた。当時、数学者は同所の専門家が選んでいたが、物理学者はオッペンハイマーが自ら眼鏡にかなった人物を招聘したという。1947年から1966年の在任期間中に在籍した日本人研究者は、実に72人に上る。その中には、後にノーベル物理学賞を受賞する湯川秀樹、朝永振一郎、南部陽一郎をはじめ、内山龍雄《うちやまりょうゆう》、西島和彦ら戦後日本の物理学を牽引した研究者が多く含まれている。

2024年3月、オッペンハイマーの生涯を描いた映画『オッペンハイマー』が日本で公開された。原作となったノンフィクション『オッペンハイマー』の作者の1人で現代史家のシャーウィン(Martin Sherwin)は、かつて筆者のメールでの質問に答えてこう語った。「確証はないが、オッペンハイマーに日本への思いはあっただろう。しかし(高等研に招く研究者は)、あくまで能力で選んでいた」。

「日本ひいき」

冒頭のオッペンハイマーの言葉は、火山学者の村山磐《むらやまいわお》が淡中自身から聞いたものだ。村山も1960年代初めに米国に留学した際、高等研を訪ねてオッペンハイマーに会っている。帰国後にオッペンハイマーから来た手紙には、平和な世の実現のために若者に期待する、と書かれていた。後に村山はオッペンハイマーに関する米国の資料を集め、その人物像を本にまとめた。『オッペンハイマー　科学とデーモンの間』と題したこの本の中で村山は、執筆を通じてオッペンハイマーの日本人研究者に対する「特別な好意」を感じたと書いている。高等研で研究し、オッペンハイマーと親交のあった朝永振一郎も、随筆の中でオッペンハイマーのことを「日本ひいき」と記している。

オッペンハイマーはその生涯を通じて日本人研究者の多くと親交を結び、ときに支援した。1967年2月にオッペンハイマーが亡くなったとき湯川秀樹は、日本の物理学者と数学者が「大変お世話になった」と述べた。国家プロジェクトを率いて原爆開発を成功させたが戦後は水爆に反対し、スパイ疑惑で公職を追われることになったオッペンハイマー。彼をよく知る人たちはみな「彼ほど複雑な性格の持ち主はいない」と口をそろえる。オッペンハイマーの知られざる素顔を追った。

12歳で地質学の講演

オッペンハイマーは1904年、米ニューヨーク市でドイツ系ユダヤ人移民の長男として生まれた。織物の輸入業で財をなした父と、画家で教育熱心な母の間で育ち、科学だけでなく芸術や宗教にも深い関心を抱いた。複数の伝記によると、小さいころから知的好奇心が強く理解力に優れていたという。

5歳のときドイツに住む祖父から鉱物標本をもらったのがきっかけで鉱物収集に夢中になった。見つけた鉱物について図鑑や文献を調べ、新種と思われると地質学者に手紙を書いて助言を求めた。12歳のとき、ある地質学者がニューヨーク鉱物クラブの会員にオッペンハイマーを推薦し、クラブでの講演を依頼した。オッペンハイマーは手紙をタイプライターで書いていたため、子どもだとわ

Ulli Steltzer photograph, courtesy of AIP Emilio Segrè Visual Archives

ロバート・オッペンハイマー

（J. Robert Oppenheimer、1904-1967年）

米国の原爆開発プロジェクト「マンハッタン計画」を成功させた。チェーンスモーカーで、授業や研究中でもいつもパイプを手にしていた。

からなかったようだ。父母は年齢を明かさずに彼を会場に連れて行った。演壇と同じくらいの背丈しかないオッペンハイマーが登壇すると会員たちは驚き笑ったが、講演が終わると会場は拍手に包まれた。

高校生のときの成績はオールAで、ギリシャ語、スペイン語、フランス語、ドイツ語の4カ国語を習得した。ハーバード大学を3年で卒業し、化学の学士号を取得。卒業後は原子核を発見したラザフォード（Ernest Rutherford）に憧れ、英ケンブリッジ大学の大学院に進んだ。

もっともラザフォードの研究室には入れず、電子の発見で知られるJ・J・トムソン（Joseph John Thomson）のもとで研究を始めたが、ここで大きくつまづいた。実験が苦手で研究に行き詰まり、精神を病んでしまったのだ。指導教員の机に有害な化学物質を入れたリンゴを置き、問題になったとも伝えられる。詳しい事実はわからないが、その後、統合失調症と診断された。

だが1926年、量子力学の創始者の1人であるボルン（Max Born）に招かれてドイツのゲッティンゲン大学に移り、量子論の研究を始めると才能が開花した。ボルンのもとで研究し1年余りの間に7本もの論文を発表。中でも電子と原子核の運動を切り離し、それぞれの運動を近似的に求める「ボルン・オッペンハイマー近似」はその後、高エネルギー物理学や量子化学の基礎となった。さらに電子や陽子が一定の確率でポテンシャルの壁をすり抜ける「トンネル効果」の存在を予測した。

AIP Emilio Segrè Visual Archives, Uhlenbeck Collection

杉浦、ディラックと
1927年、ゲッティンゲン大学の大学院生だったオッペンハイマー（右）。同じ下宿にいた杉浦義勝、ディラックと親交があった。

ディラックと杉浦義勝

ゲッティンゲンでオッペンハイマーは1人の日本人研究者と出会う。後に立教大学の理学部長となる量子物理学者の杉浦《すぎうら》義勝《よしかつ》だ。オッペンハイマーと杉浦、そして相対論的量子力学を確立した英国の理論物理学者ディラック（Paul Dirac）は同じ下宿で過ごし、ボルンのもとで研究した（上の写真）。杉浦の足跡を調べた科学技術史の専門家、成城大学の中根《なかね》美知代《みちよ》は「杉浦はほかの2人より10歳ほど年上だったが、3人は非常にウマが合い、仲がよかった」と話す。

　オッペンハイマーとディラックはケンブリッジで知り合い、ゲッティンゲンで交流を深めた。文学や哲学などに幅広い関心を持つオッペンハイマーと、理論物理以外にはほとんど関心のないディラックは正反対のタイプだったが「杉浦が接着剤の役をしていたと思う」と中根は言う。3人は夕食後にしばしば誰かの部屋に集まって議論し、無駄話に花を咲かせた。裕福だったオッペンハイマーの部屋には防水布製の簡易プールがあり、銭湯のないドイツで杉浦はそこに湯をため入浴させてもらったこともあったという。

オッペンハイマーは時折、統合失調症の発作を起こした。杉浦によると、ある深夜、ディラックが杉浦の部屋に慌ててやってきた。「大変だ。ロバートを見ていてほしい。医者を呼んでくるから」。杉浦がオッペンハイマーの部屋に近づくと、中から物を投げたり紙を破ったりする音や叫び声が聞こえ、医者がやって来て処置をするまで続いた。幸いなことに、病気は徐々に快方に向かった。

3人が共に過ごしたのはわずか1カ月ほどだった。ディラックは先に英国に戻ったが、オッペンハイマーはその後もしばしば手紙を送っている。「(英国滞在中の)杉浦によろしく伝えてほしい」「ゲッティンゲンのころは楽しかった」と書いており、3人の交流が続いていたことが窺える。

1929年に米国に帰国したオッペンハイマーは理論物理学のホープと目され、カリフォルニア工科大学とカリフォルニア大学バークレー校（UCバークレー）で教鞭を執った。1936年には両大学の教授に昇格した。

カリフォルニアでも数々の成果を上げたが、特に有名なのは後にブラックホールと呼ばれる天体の可能性を示したことだ。質量が大きな恒星は自身の重力によって縮小を続け、やがて超新星爆発を起こして中性子星になる。だが質量が一定値を超えると中性子星として存在できず際限なく潰れていく。そんな天体が存在するはずだと予想した。その後１９７０年代にブラックホールが実際に観測されることになる。

オッペンハイマーは優れた教育者でもあった。彼が着任したころ、米国の西海岸は東海岸や欧州に比べ理論物理学の研究が立ち遅れていた。オッペンハイマーはこの地に理論物理の拠点を作ることを目指していた。実際、彼が指導した学生たちから、物理学の俊英が何人も育っている。原子の中の電子のエネルギー準位がそれまでの電子論からずれることを実験的に示したラム（Willis Lamb）や、電場も磁場も存在しない場所で電子の振る舞いが変化する「ＡＢ効果」を提唱したボーム（David Bohm）らだ。

中間子論を巡り対立

このころオッペンハイマーは湯川秀樹と、湯川の最大の業績となる中間子論を巡って激しくやりあっている。陽子と中性子が結合して原子核を作るには強大な核力が必要だが、その力は未知の粒子である「中間子」を交換することで生じると湯川は考え、１９３５年に中間子論の論文を発表した。翌年アンダーソン（Carl Anderson）が未知の粒子を観測し、湯川は中間子の可能性があると考えて*Nature*誌に論文を投稿するが、実験的根拠がないとして掲載を拒否された。

これについてオッペンハイマーは、*Physical Review*誌でこうコメントした。「湯川らは中間子の存在を仮定したが、そこから核力の諸々の性質を説明するには、極めて人為的なことをする必要がある。（略）正しい理論の性質とは言えず、中間子の存在を支持するものではない」。当時、有力な物理学者の多くは物理現象を新粒子によって説明することを嫌い、電子、陽子、光子の3つですべてを説明しようとしていた。オッペンハイマーの指摘もその流れに沿ったものだ。

これに対し湯川は、師と仰ぐ理化学研究所の仁科芳雄《にしなよしお》への手紙の中で、「理論全体が本質的に誤っているかの如く言っているのは甚だ心外です」と不満を綴っている。湯川は新粒子の質量を詳細に検討し中間子たり得ることを示す論文を*Physical Review*誌に投稿したが、再び掲載を拒否された。査読したのはオッペンハイマーだったと伝えられる（ちなみにこの新粒子は実際はミュー粒子で、中間子の発見にはさらに10年を待たねばならなかった）。

しかし2年後の1939年に湯川が渡米してUCバークレーを訪れたところ、オッペンハイマーの考えは一変していた。中間子の存在が様々な形で検証されたことで、オッペンハイマーは中間子論を受け入れたのだ。それどころか「全面的な支持者になっているのは意外であった」と湯川は日記に書いている。オッペンハイマーは湯川を歓待し、UCバークレーの有力な研究者を紹介したり、当時最先端の実験装置だった加速器の見学に招いたりした。

夕食後、オッペンハイマーは湯川をゼミに誘った。そして教室に入ると、いきなり「湯川博士に講義していただこう」と言い出した。何の準備もしていなかった湯川が慣れない英語に苦労しながらポツポツと話すと、オッペンハイマーは突っ込んだり口を挟んだりし、最後に湯川を差し置いて「今日の話はこういうことだ」と学生たちに解説した。自己顕示欲を窺わせるエピソードだが、それだけではない。彼は問題を把握する能力が抜群で、説明の一部を聞いただけで全体を理解できた。

このときオッペンハイマーの学生の中に、1人の日本人がいた。日下周一《くさかしゅういち》だ。大阪に生まれ、4歳のときに家族とともにカナダへ渡りブリティッシュコロンビア大学を首席で卒業。UCバークレーのオッペンハイマーのもとで中間子の性質や核力の研究に取り組んだ。Ph. D. 論文のテーマは素粒子のスピンで、審査に当たった教員は「米国の若手物理学者の中で上位15人に入る」と高く評価した。

オッペンハイマーは日下を湯川に紹介した。湯川は日記に、オッペンハイマーが日下のことを「非常に有望だ」と話したと書いている。父の帰国後も米国で勉強を続けた日下を経済的に援助するため、オッペンハイマーは自らの講義録の編集と出版を任せた。日下は1947年に海水浴中の事故で早逝したが、その後、オッペンハイマーの教科書の和訳『電気力学』が日下の編集によって出版され、湯川が推薦文を寄せた。日下の生涯や親戚の証言を調べた元岡山理科大学教授の加藤賢一《かとうけんいち》は

「オッペンハイマーは日下を通じてある種の日本への親しみを抱いており、それが戦後、日本人科学者を支援することにつながったのでは」と話す。

挫折した構想

やがて第二次世界大戦が始まった。米国は1942年に原子爆弾の開発を目指すマンハッタン計画を始め、研究の拠点としてニューメキシコ州にロスアラモス国立研究所を設立した。オッペンハイマーは1943年にその所長に就任し、研究開発を率いた。ドイツではハイゼンベルク（Werner Heisenberg）が、日本では仁科が「ニ号研究」を率いて同様の研究を進めたが、GHQ（連合国軍総司令部）などに残された資料によると、オッペンハイマーは日本には原爆を完成させる能力はないとみていたようだ。理論研究の水準は高いが、実験技術が十分ではなかったためだ。仁科は内心、原爆はこの戦争中には間に合わないと考えており、原爆が広島・長崎に投下されたときには非常に驚いて「『ニ』号研究の関係者は文字通り腹を切る時が来たと思ふ」と部下に書き送っている。

マンハッタン計画は極秘だったため、当時の様子がわかる資料はあまりない。ただオッペンハイマーが戦後は原爆を国際協調で管理し、原子力の有効利用を進めるべきと考えていたのは確かなようだ。原爆が完成に近づくと、実際に使用したら戦争の形が完全に変わり、米ソが際限のない核開発競争に陥ることになるとの懸念を抱くようになった。

国際政治学が専門の文化学園大学教授、中沢志保《なかざわしほ》によると、彼にこの考えをもたらしたのは量子論の創始者であるボーア（Niels Bohr）である。オッペンハイマーはボーアにハーバード大で特別講義を受けたころから心酔し、ボーアを「我が神」と呼んでいた。英国留学中に行き詰まって悩んでいたとき、量子力学の理論研究への転向を勧めた恩人でもある。ボーアは１９４３年、ナチスドイツの手が迫るコペンハーゲンを脱出してロスアラモス研究所にたどり着いた。そして、核開発競争を抑えるにはソ連との情報共有を進め、開かれた科学を推進すべきだとオッペンハイマーに説いた。

１９４５年5月31日、米軍幹部や科学者が原爆開発の方針を決める委員会で、オッペンハイマーは戦後を見据え、核兵器開発競争をどう抑止するかとの問題を提起した。そして原爆の使用に先立ってソ連を含む各国にある程度の情報を提供することで、米国の道徳的立場が大いに強まると述べた。参謀総長のマーシャル（George Marshall）は彼の意見を受け、7月に計画していた世界初の核実験に、ソ連の有力科学者を招くべきだと主張した。

ボーアとオッペンハイマーの構想は、戦争後は核管理を担う国際機関を作って核物質を一元管理し、エネルギーや放射線治療などの平和利用目的の場合に供与する、原子力発電などの技術開発も国際協力で進めるというものだ。そしてそれにはソ連に情報を公開し、協力を得ることが重要だと考えていた。

だが2人の目論見は失敗に終わる。米英の首脳や軍幹部には、東欧諸国の衛星国化を進めるソ連に対する不信感が強く、米国には核兵器を独占したいとの思惑があった。彼らの主張は戦後、2人を追い込んでいく。ボーアはソ連に情報を流す危険があるとして監視され、オッペンハイマーは政府機関の公職から追放されるのである。

「くりこみ理論」を後押し

原爆投下によって終戦を迎え、ロスアラモス研究所を去ったオッペンハイマーはカリフォルニアに戻り、その後1947年にプリンストン高等研究所の所長に就いた。当時の高等研にはアインシュタイン（Albert Einstein）、「コンピューターの父」と呼ばれたフォン・ノイマン（John von Neumann）、純粋数学から理論物理学、哲学にわたる幅広い業績を上げたワイル（Hermann Weyl）らがおり、理論物理学と数学の最高峰と呼ばれた。

オッペンハイマーは所長として2つの目標を掲げた。時代の最も重要な問題に答えることと、学際的な学問を発展させることだ。社会科学や人文科学の研究者を増やし、詩人のT・S・エリオット（Thomas Stearns Eliot）や外交官で政治学者のケナン（George Kennan）らを非常勤研究員として迎えた。その理由について、後に来日した際にこう述べた。「人類が生き残るには、人間関係の新しい科学が必要だ」。

だがこうした方針は、純粋な科学の拠点であることを望んだ一部の数学者らの反発を招いた。当時ワイルに招かれて高等研で研究していた数学者の小平邦彦《こだいらくにひこ》はオッペンハイマーのことをよく思っていなかったようだ、と小平の弟子たちは話す。

大きな影響力を持つオッペンハイマーのもとには世界中からひっきりなしに論文が送られてきた。1948年5月、彼は日本から届いた1本の論文に目をとめた。それは朝永振一郎が送ったくりこみ理論の論文だった。当時、量子力学に基づいて電子の質量と電荷を計算すると無限大に発散することが世界中の物理学者を悩ませていた。朝永は計算で生じた無限大を理論の中にある質量や電荷の値の中にくりこむことで、観測される物理量を有限の値に計算できることを示した。

オッペンハイマーはただちに朝永に手紙を送った。「素晴らしい手紙と論文を頂いた。早速*Physical Review*誌に論文を送り、可能な限り早く掲載するよう依頼した」。手紙の中で言及されているハーバード大学のシュウィンガー（Julian Schwinger）も同様の方法にたどり着いていたが、欧米の情報から隔絶されていた日本でそれ以前に解決に近づいていたことがオッペンハイマーを驚かせた。「シュウィンガーの仕事やほかの件についても話したい。近いうちに研究所に来てもらえないか」と書き送っている。朝永は翌1949年に高等研に招かれ、後にシュウィンガーやファインマン（Richard Feynman）とともに、くりこみ理論の業績でノーベル物理学賞を受賞した。

監視下での所長生活

科学界での名声が高まる一方で、政治的には苦しい立場に置かれた。1950年代前半、冷戦下の米国では共産主義に近しいとされる人々を排除する「赤狩り」の嵐が吹き荒れた。オッペンハイマー自身は共産党員ではなかったが、修正資本主義に基づくニューディール政策を強く支持し、共産党が支持する社会運動にも多額の寄付をしていた。妻のキティーや弟のフランク夫妻をはじめ、近しい人の中にも共産党員が多かった。実は戦時中から電話や部屋での会話を盗聴され、行動を監視されていた。

戦後、水爆の開発に反対したことをきっかけに保守系の政治家や科学者との対立が深まった。戦時中の発言の影響もあってソ連のスパイの嫌疑をかけられ、1954年に米原子力委員会は4週間に及ぶ聴聞会を開いてオッペンハイマーを追及した。疑惑は立証されなかったが、最終的に国家機密へのアクセスを取り消す処分を下し、オッペンハイマーは公職から追放された。

その後も当局の監視下に置かれたが、プリンストン高等研究所の所長は続けた。1950年代初めに高等研に在籍した南部陽一郎は、かつて筆者がインタビューしたとき「所長室に入るには3つの関所があった」と語った。まず高等研の事務を通り、次に私設秘書、最後に米連邦捜査局（FBI）の捜査員のチェックを受ける。「赤狩りの影響だったのだろう」。さらに南部は「感想」と断ったうえでこうつけ加えた。「オッペンハイマーはとても頭がよく多才だったが、自信過剰だったのではないか。政治家を操れると思っていたが、反対に貶められた」。

所長としてストレスの多い生活の中で、所員たちには細やかに気を配った。広壮な自宅でしばしばパーティーを開き、自らカクテルを作って研究者やその家族たちに振る舞った。1960年代初めに在籍した物理学者の宮沢弘成《みやざわひろなり》は2021年に筆者の取材に答え「(もてなしは)所長としての責務と考えていたようだ」と話した。宮沢の妻の衣子《きぬこ》は「緊張していた私を気遣い、米国生活に不自由はないかと心配してくれた」と付け加えた。

2022年、米エネルギー省はオッペンハイマーへの「偏見と不公正があった」として、公職追放を取り消した。

最初で最後の来日

オッペンハイマーは戦後、一度だけ日本を訪れたことがある。1960年9月、知的交流日本委員会(現在の財団法人国際文化会館)の招待で来日し、妻のキティーとともに東京、大阪、京都を巡った。この年は4~5月に安保闘争が激化して社会の混乱が続いたが、来日時は歓迎ムードだったという。

初日の9月5日の夕方、東京で記者会見が開かれた。被爆国である日本における「原爆の父」の表情を捉えようと報道各社のカメラマンが延々とフラッシュを焚き続けた。オッペンハイマーはイラついたのか、パイプに火をつけた後、マッチを投げつけてこう言った。「やめるまで何も話さない」。会見が始まると「原爆投下の責任者として今の心境を聞きたい」という質問が出た。ニヤリと笑って「後悔はしていない」と答え、少し間を空けて続けた。「しかし、申し訳ないと思っていないわけではない」。

「被爆地を訪問する予定は？」との質問には「行きたいと思っているが、実現するかはわからない」と答えた。知的交流日本委員会が湯川や朝永らと相談して作った日程には、広島や長崎を訪ねる計画はなかった。混乱を避けたいという考えがあったようだ。オッペンハイマーは3週間にわたって滞在し、一般向けの講演や、日本の科学者や文化人との議論などをして過ごした。

滞在中、現在の高エネルギー加速器研究機構の前身、東京大学原子核研究所を訪ねた。研究所では、気球に載せた測定器を使って、ミュー粒子やニュートリノなどを詳しく観測していた。宇宙線が大気中の窒素や酸素に衝突すると中間子が多数発生し、すぐに崩壊してこれらの粒子が生じ、シャワーのように地上に降り注ぐ。オッペンハイマーはかつてこの過程を理論的に研究しており、西村《にしむら》純《じゅん》（現東京大学名誉教授）の説明を機嫌よく聞きながら、「実におもしろい。今後を期待している」と語った。

来日の忙しいスケジュールを縫って、オッペンハイマーはかつての友人や弟子のゆかりの人々を訪ねた。ゲッティンゲンで共に過ごした杉浦と、UCバークレーの弟子だった日下の遺族である。日下の両親はオッペンハイマーの来日が報じられると、つてをたどって湯川に働きかけ、訪問の日程を組んでもらってその日を心待ちにしていた。当時の新聞は、日下の両親と固く握手して自宅に入るオッペンハイマーの様子を伝えている。杉浦は1年ほど前から体調を崩し床に伏せることが多かったが、訪問の日はにこやかに応対したという。

「憂鬱の人」

映画『オッペンハイマー』では、原爆を開発した科学者の栄光と悲劇、そして苦悩が描かれる。その終盤には、史実にないシーンがある。プリンストンの湖畔でオッペンハイマーがアインシュタインと語り合い、原爆が世界を滅ぼそうとしているのではないかと危惧する。だが実際のところ、オッペンハイマーは自らが原爆を開発したことをどう思っていたのだろうか。

「科学者は罪を知った。それは忘れることのできない知識だ」。1947年、マサチューセッツ工科大学でのスピーチでオッペンハイマーはこんな言葉を残している。原爆開発史を研究してきた東京工業大学名誉教授の山崎正勝《やまざきまさかつ》は「言葉を額面通りに受け取るのは違うと思う」と言う。オッペンハイマーは原爆の開発や投下を否定してはおらず、核の国際管理の必要性も人道的な観点から提案したわけではないからだ。

　オッペンハイマーの心中に深く触れたと思われる日本人科学者がいる。上智大学学長を務めた柳瀬睦男《やなせむつお》（１０８ページの写真）だ。科学史が専門の明治大学准教授の稲葉肇《いなばはじめ》は、柳瀬が残した資料から、2人の「特別な関係性を感じる」という。柳瀬は、オッペンハイマーが原爆投下による心の痛みを「私には隠そうとしなかった」と書いている。その中身を記録したものはなかったが、「柳瀬だけに打ち明けた話があるのだろう」と話す。

　科学史家の村上陽一郎《むらかみよういちろう》は、かつて柳瀬研の助手をしており、柳瀬がオッペンハイマーから聞いた話を断片的に語っていたのを記憶している。

アインシュタインとオッペンハイマー

戦後、ソ連のスパイの嫌疑をかけられたオッペンハイマーを心配したアインシュタインは、政治的な「魔女狩り」につきあう必要はないと、聴聞会を欠席して公職を辞任することを勧めた。写真は映画『オッペンハイマー』のアインシュタインとの会話シーン。

世界初の核実験の後に「大変なものを作ってしまった」と感じたこと。原爆投下への道義的な悩み、そして科学の意味。柳瀬はオッペンハイマーのことを「憂鬱の人」と呼んだ。村上はこの言葉が「特に印象に残っている」という。

オッペンハイマーが心の内を柳瀬に語ったのは、彼が司祭でもあったからだろう。柳瀬は東京大学を繰り上げ卒業する直前に広島と長崎への原爆投下を知り、核物理の研究者になることを断念した。周囲の反対を押し切って修道士になり、その後カトリック教会イエズス会の司祭になった。イエズス会を母体とする上智大に理工学部を新設する構想が持ち上がると、その教員候補に選ばれ、最先端の物理学を学ぶための留学を命じられた。

1959年にプリンストン大学の客員研究員となり、ウィグナー（Eugene Wigner）のもとで研究した。高等研を訪ねた際にオッペンハイマーと出会い、そのときの様子をこう記している。

司祭の印であるローマンカラーの服を着て立っていたところ、オッペンハイマーがまじまじと見つめてきた。30代後半の若手とはいえない年齢で、目立っていたのだろう。「いつごろ物理学を学んだのか」と聞かれたので「東大で学び、卒業の直前に原爆が投下された」と答えた。そのときオッペンハイマーは身を引き締めたように見えた――。柳瀬は、自身が司祭になった理由をオッペンハイマーなりに理解したのだろうと感じたという。

上智大に戻った柳瀬は、1966年9月に再び高等研を訪れた。短い滞在の最後に、オッペンハ

柳瀬睦男

上智学院ソフィア・アーカイブズ

司祭に語った思い

イエズス会の司祭である柳瀬睦男（写真上）はオッペンハイマーから心の内を聞いたが、詳細は語らなかった。1966年9月に再訪したときに撮ったオッペンハイマーの写真（左、村上陽一郎提供）を上智大学の教授室に飾っていた。

イマーに「あなたのために祈っています」と言った。司祭が信徒にしばしばかける言葉だ。オッペンハイマーは「ありがとう。ありがとう」と答えたという。オッペンハイマーは5カ月後の1967年2月、咽頭がんのために62歳で死去した。

　取材中に「オッペンハイマーは被爆地への訪問を望んでいた。だが湯川が止めた」との話を聞いた。資料は残っておらず、本当のところはわからない。ただ、来日時に広島市の医師で平和活動家のレイノルズ（Earle Reynolds）から渡された被爆地への訪問を求める手紙を、オッペンハイマーは死ぬまで大切に保管していたという。

平和主義への〃転向〃

アンドレイ・サハロフ

ゲンナジー・ゴレリク
ボストン大学／科学史家

灰色と化した雲が、瞬時に地上から離れ、オレンジ色の微かな光を残しながら渦巻いて上昇していった……。衝撃波が耳をつんざき、風が猛烈な勢いで体全体に突き当たった。それから不吉な重々しい低音が鳴り響き、30秒後にはだんだんと消えていった。その時雲は空の半分を埋め尽くし、不気味な青黒い色となっていた。

それは、1953年8月12日に起こった。サハロフ（Andrei Dmitrievich Sakharov）が、ソビエト連邦（当時）の「水素爆弾（水爆）の父」となった日だ。彼は防塵服に身を固め、数人の政府職員と一緒に車で爆心地域へと向かった。車は地上から飛び立とうとしている一羽のワシの横で止まった。ワシの羽はひどく焼け焦げていた。

「核実験のたびに何千もの鳥が殺されたと聞いている」とサハロフは回顧録の中で書いている。

「爆発の閃光が起こったときに、鳥たちは舞い上がったが、すぐに地上にたたきつけられ、火傷を負い目が見えなくなっていた」。

サハロフという非凡な人物にとって、核実験の罪なき犠牲者たちへの思いは深まり、ついには彼の頭にこびりついて離れなくなってしまった。より破壊力のある爆弾の設計に携わるかたわら、彼はまた実験のたび放射性の降下物質がどれだけ多くの人々の生命を犠牲にすることかと苦悶した。サハロフは不必要な実験はやめさせようと何度も試みたが果たせなかった。ついに彼は自分が開発した核兵器を、自分ではほとんどコントロールできないと実感するようになった。

サハロフが水爆開発者から人権擁護者へと変わったことについては、すでに多くのことが語られている。彼が１９８９年に亡くなった後、ロシア国立公文書館は、サハロフ自身や彼の業績に関する多くの秘密文書を公開した。現在それらはモスクワのサハロフ文書館で見ることができる。

これらの文書もサハロフの著作も、〝転向〟した理由は、核兵器開発計画と関わったことが直接の原因であることを示している。長年サハロフは、核兵器や熱核兵器が、ソ連の軍部を支え、米国からの侵略を防ぐために不可欠のものと確信していた。彼がその立場を変えたのは、新しい倫理観に目覚めたからではない。むしろ彼が軍備政策で政府に尽くしていたころと同様に、愛国心や正義感を変わらずもち続けた結果だった。

水爆「スロイカ」

サハロフは1921年、モスクワの知識階級の家に生まれた。父親は物理学の教師で、科学読み物などの著者でもあり、人間味のある実直な人だった。

サハロフは高校卒業後、1938年にモスクワ大学に入学した。ドイツとの戦争が始まった時、心臓が弱かった彼は徴兵されなかった。1942年に大学を優等で卒業したが、さらに大学に残って勉強を続けることは拒否した。彼は戦争に貢献したかった。そこで、ウリアノフスクの爆薬工場でエンジニアとなり、当時生産されていた弾丸の芯を調べるための磁気装置を発明した。

その工場で彼はウィヒレバ（Klavdia Vikhireva）と出会い、22歳で彼女と結婚した。またそのころ彼は物理学のいくつかの小さな問題を大胆な考えで解決し、そのことで父親を通じてモスクワのレベデフ物理学研究所のタム（Igor Tamm）と知り合うようになった。

1945年の初めサハロフは、タムの指揮下で大学院生を指導するため正式にモスクワに招かれた。8月のある朝、彼は広島に原子爆弾（原爆）が投下されたことを新聞で読み、「私の運命、そしてほかの多くの人々の運命、おそらく全世界の運命が一夜にして変わった」ことを実感した。

サハロフは科学者として非常に有能だった。モスクワに来てすぐに、気泡液体中での音波の伝播についての理論を提出した。これは、超音波で潜水艦を探知するときに重要となる。また、2つの原子核が1つに合体する核融合が、ミューオンという電子に似た軽い粒子によってどれだけ促されるかを計算した。電子の代わりにミューオンを含む原子は、かなり小さくなるので、より少ない圧縮で融合される。

純粋物理学の研究に専念していたので、サハロフは政府幹部からソビエトの原爆開発計画に参加するよう2度にわたって誘いを受けたが断った。原爆がもたらすエネルギーは、ウラン235のような重い原子核が2つに分裂する際に放たれるエネルギーだ。

ところが、1948年のある日、タムは水爆を開発するために、彼とサハロフを含む数人のプロジェクトチームが編成されたと発表した。水爆は軽い原子核の融合を利用した爆弾で、一般的には重水素、三重水素と呼ばれる2種の水素同位体の核融合により、原爆よりも多くのエネルギーを放出する。

原爆開発計画の理論研究でリーダーだった優秀な物理学者ゼルドビッチ（Yakov Zel'dovich）は、タムに水爆の暫定的な設計図を渡した。核融合は、プラスの電荷をもつ2つの原子核を、反発しあう相互の斥力以上の力で合体させるため、十分に接近させなければならない。それを可能にできるのは、原子核分裂反応で得られる巨大なエネルギーしかない。

この核融合の点火方法として核分裂を使用するというアイデア（熱核反応として知られる）が考えられた。つまり、重水素を含む管の端で点火してその管の中で核融合反応を起こさせるというものだ。

アンドレイ・サハロフ
（Andrei Dmitrievich Sakharov、1921-1989年）
核融合の物理学に魅了され、愛国心からも爆弾完成を熱望したサハロフは、水爆実験の凄まじい破壊力を目の当たりにして、核戦争の重大な危険性を指摘するとともに人権支持の立場を取るようになった。

この「スーパー爆弾」の計画は米国の科学者たちによって考案されたが、おそらく物理学者でスパイでもあったフックス（Klaus Fuchs）によって、１９４５年にはソ連の情報機関に伝えられていた。

サハロフは水爆製造に必要な理論物理学と工学の双方に精通していた。彼は研究チームの中では若手だったが、すぐに「スロイカ（球形層）」と呼ばれるこれまでとは根本的に異なる水爆のデザインを提案した。

スロイカは球形をしており中心に原爆が置かれている。原爆の周りは重水素の殻と天然ウランのような重い元素の殻で交互に囲まれている。最初に中心の原爆が爆発する。そこで放たれた電子はウラン殻の中で莫大な圧力を生み出し、重水素の核融合を起こさせる。ソ連ではその過程を「サッカリゼーション（sakharizasion、甘くする）」と呼んだ。核融合は、次にウランの核分裂を引き起こす中性子を放出する。

核燃料の重水素を重水素化リチウムで置き換えるという考えは、ギンズブルグ（Vitaly Ginzburg）が発展させた。ソ連の計画は米国に追いついた。米国の科学者たちは1950年まで彼らのスーパー爆弾の設計が失敗であることに気づかなかった。しかしニューメキシコのロスアラモス研究所のウラム（Stanislaw Ulam）とテラー（Edward Teller）が、すぐに他の設計を考え出した。こうして熱核反応兵器の開発競争が始まった。

サハロフは核融合の物理学に魅了されていたが、愛国心からも爆弾完成を熱望していた。彼は、「戦略的均衡」と「核抑止力」により核戦争は起こりえなくなるという考えを信じ、計画にますますのめり込んでいった。

「途方もない破壊力、計画の大きさ、そして戦争の後で貧困と飢えに苦しんでいるにもかかわらず国が計画に投資した額……、それらすべてが私たちの熱情に火をつけ、最大の努力をするよう鼓舞した。実験で被害が出ることは分かっていたが、無駄ではないと思っていた。私たちはまさに戦争時の心理にとりつかれていた」

ただサハロフは共産党加入を求められたときには、入党を拒否した。党が粛清など非道行為を行ってきたということがあったからだ。しかし1950年3月に彼とタムが、爆弾製造に関わる人々の住む秘密都市に派遣された時には選択の余地はなかった。サハロフは、その施設がモスクワから500キロメートル離れた所にあり、囚人たちによって建設されたということを知った。その場所は、かつてはサロフという古い修道院町だった。町全体が周辺を鉄条網で囲まれ、どの地図にも載っていなかった。その地は関係者の間では、さまざまな暗号名で知られ、当時は「アルザマス16」と呼ばれていた。

秘密の町で

ゼルドビッチはすでにアルザマス16で研究に携わっており、物理学者たちは爆弾設計の詳細について何時間も議論をした。しかし原子から電子を分離して、電子と正イオンが中で混じりあって存在しているような状態にした高温気体、つまりプラズマを閉じこめるというアイデアを考案したのはサハロフだった。

プラズマはどんな材質の壁をも壊してしまうが、磁場で閉じこめることで核融合を引き起こすことができる。これはトカマク炉の原理であり、現在でも核融合を継続しエネルギーを取り出すのに最も有望な方法だ。「トカマク」とはロシア語で電磁コイルが巻かれたドーナツ型の空間を意味する。

1952年11月、米国は熱核反応爆弾を爆発させた。1953年の8月までに、ソ連の科学者たちは、スロイカを実験する準備を整えていた。しかしその最終段階で、物理学者であり、また気象学者でもあったガブリロフ（Viktor Gavrilov）は、ある指摘をした。爆発による放射性降下物は実験地域を越えて広がり、周辺の住民に影響を及ぼすというのである。それ以前には誰もこの問題を取り上げなかった。

科学者はただちに、爆発実験の効果に関する米国のマニュアルに従い、放射性降下物の広がる範囲を分析した。その結果、何千もの人々を避難させなければならないということが判明し、その勧告は遂行された。しかしある政府職員は、懸念を示したサハロフに、このような作戦で20人や30人の死者が出るのはしかたがないと言った。

スロイカの実験は成功し、その威力は広島に落とされた原爆の約20倍もあった。その後数カ月の間にサハロフは、最年少の32歳でソビエト科学アカデミーの会員に選出された。彼はまたスターリン賞を受賞し、「社会主義労働の英雄」勲章を授与された。ソ連の指導者たちはサハロフに大いに期待した。彼が単に優れていただけではなく、ゼルドビッチやギンズブルグとは違ってユダヤ人でなく、さらにタムとも異なり政治上の問題がなかったからだ。

スロイカにはその爆発エネルギーを無限に大きくすることはできないという限界があったが、すぐにゼルドビッチとサハロフは新しい設計を提案した。そのアイデアは最初の原爆で発生した放射線（光子）を管内の圧縮に使用し、それを核融合の起爆に使うというものだった。この設計はロスアラモス研究所のウラム、テラーが開発した水爆と似ており、管の長さを伸ばすことで無限の爆発エネルギーが得られる可能性をもっていた。

アルザマス16での生活はいろいろな点で通常とは異なっていた。研究者は自由に政治の議論をした。さらに彼らは*Bulletin of Atomic Scientists*のような、西側の雑誌を入手していた。その雑誌はおもに核エネルギーの社会的重要性について扱っており、鉄のカーテンの向こう側で西側の科学者たちがどのように核の力を民間に役立てようとしているかを紹介していた。

サハロフを感動させた科学者の1人はシラード（Leo Szilard）だった。シラードは原爆製造を実現させた「連鎖反応」の発見者だったが、後に核兵器批判者になった。サハロフは、アインシュタイン（Albert Einstein）、ボーア（Niels Bohr）、シュバイツァー（Albert Schweitzer）らの政治的著作も知っていた。明らかに彼らはサハロフに影響を与えたと思われる。

アルザマス16の管理責任者が1955年に書いたメモによると、サハロフは有能な科学者ではあったが、政治の分野ではかなり「欠点」があった。たとえば彼は、アルザマスの立法機関である人民評議会の委員に立候補するよう求められたが、それを辞退した。その欠点はますます悪くなっていった。

1955年11月、ソ連は無制限水爆実験を遂行した。この時、爆発による衝撃波は、遠方の塹壕《ざんごう》を崩壊して軍人1人が死亡、建物を粉々にして幼児1人が亡くなった。この事実はサハロフに重くのしかかった。その夜の祝賀会で乾杯の音頭を命じられたサハロフは、「私たちの装置が本日の実験のようにすべてうまく爆発してほしい。しかしその場所は町ではなく実験場にとどまっていることを祈りたい」と述べた。ネデリン（M. Nedelin）は、科学者は爆弾の製造のみに関わるべきで、それをどこで爆発させるかは軍人に選ばせるべきだ、という意味の皮肉をこめた冗談でそれに答えた。これはサハロフに自粛を促すための発言だった。

さまざまな熱核反応実験が続けられていくうちに、サハロフは、爆発実験で誰が犠牲になるのだろうとますます心配するようになった。彼は、核実験の結果、世界でどれだけの人々ががんに侵され、突然変異に見舞われるかを計算するために遺伝学を学んだ。

1957年、米国の新聞は「クリーンな爆弾」、つまり核分裂性物質を使用せず、見かけ上は放射性降下物を生じない核融合爆弾の開発について報告した。しかしサハロフは、入手可能な生物学のデータに基づいて、1メガトン（TNT火薬100万トンに相当する）のクリーン爆弾は、放射性炭素14（爆発で生じた中性子が空気中の窒素と反応してできる）を拡散させ、8000年の間に、世界中で6600人もの死者を出すと推定した。彼はそのことを1958年にソ連の雑誌*Atomic Energy*で発表し、「クリーンな」爆弾であろうがなかろうが、水爆の大気圏内での実験は人類に有害と結論した。

「木端は飛ぶ」

当時のソビエト首相フルシチョフ(Nikita S. Khrushchev)はこの論文の出版を認めた。フルシチョフは1958年3月、一方的に核実験停止を突然発表したが、サハロフの論文はその政策に沿っていたからだ。だがサハロフは政治的思惑から発表したのではなかった。

彼の計算は、「すでに世界に存在している被害者、死者に加えて、さらに何千もの犠牲者たちが、中立国や次世代の人々のうちにも増えていく」ことを示した。また彼は、「この罪は罰を受けることはない。ある特定の死を放射線によるものと証明することは不可能だからだ」と考え、悩んだ。

同年、テラーは『核の未来（Our Nuclear Future）』という本を出版し、そこで米ソ両国の水爆研究者たちの多数意見を紹介したが、彼らはサハロフのような懸念をもっていなかった。テラーは核実験で生じる放射線は宇宙線やX線による医療検査といった他の放射線源の1％程度と見積もった。また、核実験による放射線は寿命を2年ほど縮めるかもしれないが、1日1箱のたばこを吸うことや座り仕事の方が、その1000倍も寿命を縮めるとも書いた。そして、「これまでいかなる人も危険にさらしてはならないと主張されてきた。だが多少の犠牲があっても、全人類にとってより良い生活を得るために努力する方が、より現実的で実際には人道主義的な考えではないか」と結論した。

この意見はサハロフにとって、「木をたたき切るとき、木端《こっぱ》は飛ぶ」というソ連のスローガンによく似ているように思われた。サハロフ自身は、核実験から生じた放射性降下物がもたらすどんな死に対しても責任を感じていた。

一方、米国と英国は核実験を続けており、激怒したフルシチョフは5カ月後に実験再開を命じた。サハロフはまた犠牲者を出してしまうと悩んだ。そこで、原子力計画の科学者で指導的地位にあったクルチャトフ（Igor Kuruchatov）を説得し、フルシチョフを訪れて、コンピューターによるシミュレーションや限定的な実験、他のモデルによって核実験は必要なくなると説明した。フルシチョフはそれに同意せず、また忠告も歓迎しなかった。サハロフは1961年、首相が核実験凍結を解除し、実験を再開すると発表した際にも同じことを試みた。フルシチョフは憤慨し、サハロフに対し政治は政治の専門家に委ねるよう言いつけた。

1962年、サハロフは2つの非常に似たタイプの水爆実験が行われようとしていることを知った。彼は実験の繰り返しをやめさせるためにできる限りのことをした。裏工作をし、フルシチョフに嘆願したが、同僚や上司を怒らせてしまい、努力は実らなかった。2つめの水爆が爆発した時に、彼は机に顔をふせて泣いた。

しかし驚いたことに、すぐに最大の懸案を解決することができた。1963年、最も危険であるとして彼が提案した大気圏内核実験の禁止が当局側に受け入れられ、同年モスクワで部分的核実験停止条約が調印されることになったのだ。サハロフは当然のことながら自分がその実現に尽くせたことを誇りに思った。大気圏内核実験が停止した後、その有害性について心配しなくてもよくなった。

次第に彼の関心はおもに2つのことに向けられていった。まず科学から倫理的な領域へ、そして最後には政治へと関心が移っていった。核兵器開発計画に彼はもはや必要なくなっていた。しかしそこに自分が関与していることが、兵器政策に睨《にら》みをきかすには重要と感じ始めていた。

また当時サハロフは、彼が最初に情熱を傾けた純粋物理学を研究する時間をもてるようになった。科学者たちを悩ませていた問題は、なぜ宇宙では物質が反物質よりも多く存在しているのかということだった。

彼はそのような不均衡が生じるための条件について論じたが、それは彼の理論物理学での最も大きな業績だった。カルツェフ（Vladimir Kartsev）はその当時若い物理学者で、彼が書いた本の前書きをサハロフに頼んでいた。その時のサハロフはとても幸福そうで、物理学の創造的エネルギーに満ちあふれていたと思い出を語っている。

サハロフは1966年、スターリン復権派に反対するため、ソ連指導部に宛てた手紙に共同署名した。最も印象的なのは、その年の12月、人権支持を訴える無言デモへの参加に匿名の人から招待されたのを受け入れたことだ。しかし、ソ連政府に抵抗する人たちを支援する手紙を書いた時には、給料は減らされ、行政ポストを1つ失った。だがこうしたことで、ますます彼はモスクワの活動家と深く関わるようになった。

サハロフの世界観は次第に急進的になっていった。1967年6月、彼は政府に極秘の手紙を送った。米国が弾道弾迎撃ミサイルシステム開発の一時停止を提案したが、これはソ連にとっても利益をもたらす。なぜなら新技術の兵器競争では今までよりさらに核戦争が起こりやすくなるからだ、と論じた。

この手紙は9ページにわたり、2ページの専門的な付属文書をもっていて、現在サハロフ文書館で見ることができる。この手紙の中で、サハロフは、同封した別の10ページの手稿を「米国の科学者たちがタカ派を抑える」のを助けるため、ソ連の新聞に掲載する許可も求めていた。この手稿の書き方から、サハロフが依然として自分自身を、核開発の専門家で「ソ連の政治に重大な関心」を寄せている人物と見なしていたことがわかる。

しかし、その要求は受け入れられなかった。そしてそれが拒否されたことでサハロフは、政治的指導者が世界を危険に向かわせていることなど気にとめていないことを確信した。

賽は投げられた

1968年の初め、サハロフは「進歩・平和的共存および知的自由」という題目で長い評論を書き始めた。彼はアルザマス16の秘書がタイプし直した手稿を隠そうとしなかったので、自動的にそのコピーはソ連国家保安委員会（ＫＧＢ）に渡った。このカーボンコピーは現在モスクワの大統領公文書館にある。この論文は核戦争の重大な危険性について、また環境汚染、人口過剰、冷戦のような他の問題についても取り上げていた。そこでは、知的自由、さらに広く言うならば人権が、世界平和のただひとつの真の基本となることを論じている。また社会主義と資本主義が、お互いの優れた部分を取り入れたシステムに収束していくことを望んでいる。

その年の4月の終わりにサハロフは、この過激な評論を地下出版の形で発表した。サハロフは6月に、それを首相ブレジネフ（Leonid I. Brezhnev）に送った。ブレジネフはＫＧＢを通じてすでにそれを知っていた。7月にその内容が英国放送協会（ＢＢＣ）で放送され、ニューヨーク・タイムズ紙で報じられた。サハロフはＢＢＣの放送で「賽《さい》は投げられた」というのを聞き、非常に満足したと回顧している。

サハロフは秘密都市アルザマス16に18年間住んでいたが、モスクワに滞在するよう命じられ、その地を再び訪れることは制限された。しかし彼は翌年まで核兵器開発計画からは除籍されなかった。国家の極秘情報を知る「社会主義労働の英雄」の処遇を決定するにあたっては、政府も慎重だった。

その直後、彼の妻ががんで他界した。2人の間には子供が3人いたが、一番下の子はまだ11歳だった。悲しみに打ちひしがれたサハロフは、蓄えをすべてがん病院とソ連赤十字に寄付した。ここでサハロフの第一の人生は終わり、残りの20年間の人生が始まった。彼は第二の人生のパートナーのボナー（Elena Bonner）と出会った。

1975年にはノーベル平和賞を受賞した。また、ブレジネフの怒りに触れ、ゴーリキーという地に6年間追いやられていた。晩年には、信じ難いことだが、ソ連の人民代議員に選出され、人生最後の7カ月は議員として勤めた。

おそらくサハロフという人物を最もよく説明できるのはサハロフ自身だろう。彼はかつて物思いにふけりながら「私が自由であると感じるのは、はっきりとした道徳的価値に導かれて行動を起こした場合だ。その時私を縛るものは何もない」と語っている。

彼は常に自分が信じたことを行い、心の中の明確で確固とした倫理性に導かれていた。彼の同僚の1人、リッツ（Vladimir Ritus）は1970年代、サハロフに、なぜ自ら非常に危険な状態に身をさらしてきたのかとたずねた。サハロフは「私でなくて誰がそうするかね？」と答えた。彼は自分が選ばれた者だと見なしていたわけではない。純粋に自分の運命と水爆に関わる使命を悟った上で、あえてそれらの危険な選択を行ったといえる。彼はそういった選択をしなければならないと感じていたのだ。

（西尾成子／小島智恵子 訳）

3

世界を変えた女性科学者

フローレンス・ナイチンゲール

データを駆使したクリミアの天使

デザインスタジオ Info We Trust
データ・ストーリーテラー
RJ アンドリュー

1856年夏、ナイチンゲール（Florence Nightingale）は激戦地から船で祖国に帰還した。戦場のあちこちに設けられた英陸軍野戦病院の看護婦長として、彼女は何千人もの病気の兵士が不潔な病棟で苦痛に耐える様子を目の当たりにしてきた。全戦力が病気と感染で実質的に失われてしまった。「戦争の惨事」が敵の弾丸以上のものによってもたらされたとナイチンゲールは実感した。

紙のランタンを手に毎晩患者の見回りをしたナイチンゲールは「ランプの貴婦人」という異名を得た。彼女は英国がフランスとともにロシアのオスマン帝国侵略に対抗して戦ったクリミア戦争に従軍していたのである。兵士たちの苦悩の原因は、無能な上官、乏しい物資、不十分なシェルター、超過密な病院、苛酷な医療行為など、数知れなかった。

ナイチンゲールは、同様の苦しみが再び起こることのないようにするのだと固く決心しつつ、ロンドンに戻った。それが険しい道のりになることは必至だった。

衛生改革への決意

多くの政府指導者は一兵卒の喪失をやむを得ないものとして受け入れていた。指導者は、例えば伝染病が天候や粗悪な食事、過酷な労働環境といった避けられない現実が原因だと誤って信じ込んでいた。さらに、陸軍データの質が低く、兵士の死亡状況を正確に知ることは不可能だった。患者の治療結果は、戦士を失った将校や病人を輸送した船の乗組員、傷病兵を治療した医師、死体を埋葬した副官など、誰に聞くかによってもまちまちだった。

決意を固めたナイチンゲールは、陸軍大将や医務官、国会議員の考えを変えるべく、行動を始めた。彼らはデータを読み取って解釈する能力に乏しかったため、統計的な議論ができず、事実に向き合えていなかった。物事を数量で捉えることが得意だったナイチンゲールは、理解力は並みだが社会的地位の並外れて高い人々を説得しなければならなかった。この取り組みで彼女が最重要のターゲットとしたのは、英陸軍最高司令官のビクトリア女王であった。

一般の人々の関心は終結した戦争から遠のきつつあったので、ナイチンゲールは急がないと改革の機を逸することを承知していた。彼女は毎日20時間働いた。たいてい舞台裏で働き、手紙を書き送り、データを関係者にせっついて入手し、匿名で公表した。ただし、ひとりで行ったのではなく、政治家や統計学者、科学者などの専門家集団が、政策立案者の無気力と不手際を打破するべく彼女と結束した。このチームは運動の焦点を「衛生改革」の推進に定めた。新鮮な空気、清潔な下水道、密集の回避を通じて衛生状態を改革することを目指した。

データを可視化、デザインで伝える

ナイチンゲールの説得術でカギとなったのが、統計データを人々に伝える際の提示方法であった。私は最近、ナイチンゲールの情報設計の過程を詳しく記した往復書簡やこれまで一般の人々の目に触れることのなかった手書きの下書き図、彼女のインフォグラフィックス（データや情報をわかりやすく視覚化したもの）をすべて収めたカタログを分析し、彼女がどのようにデータを可視化し、その可視化データをどのように利用したかを初めて詳しく調べ、その内容を“Florence Nightingale, Mortality, and Health Diagrams”（Visionary Press刊、未邦訳）として刊行した。ナイチンゲールがいかに革新的であり、彼女の手法がいかに先駆的だったかがよくわかる。彼女が使ったデータの提示手法は、私たちが今日、物事を理解し検討する際に不可欠なものになっている。

実際に統計表を読む人はほとんどいないことを理解していたナイチンゲールのチームは、グラフィックスのデザインに工夫を凝らした。そうすることで、人々の関心を引き、他の媒体ではできない方法で読み手の興味を引きつけた。

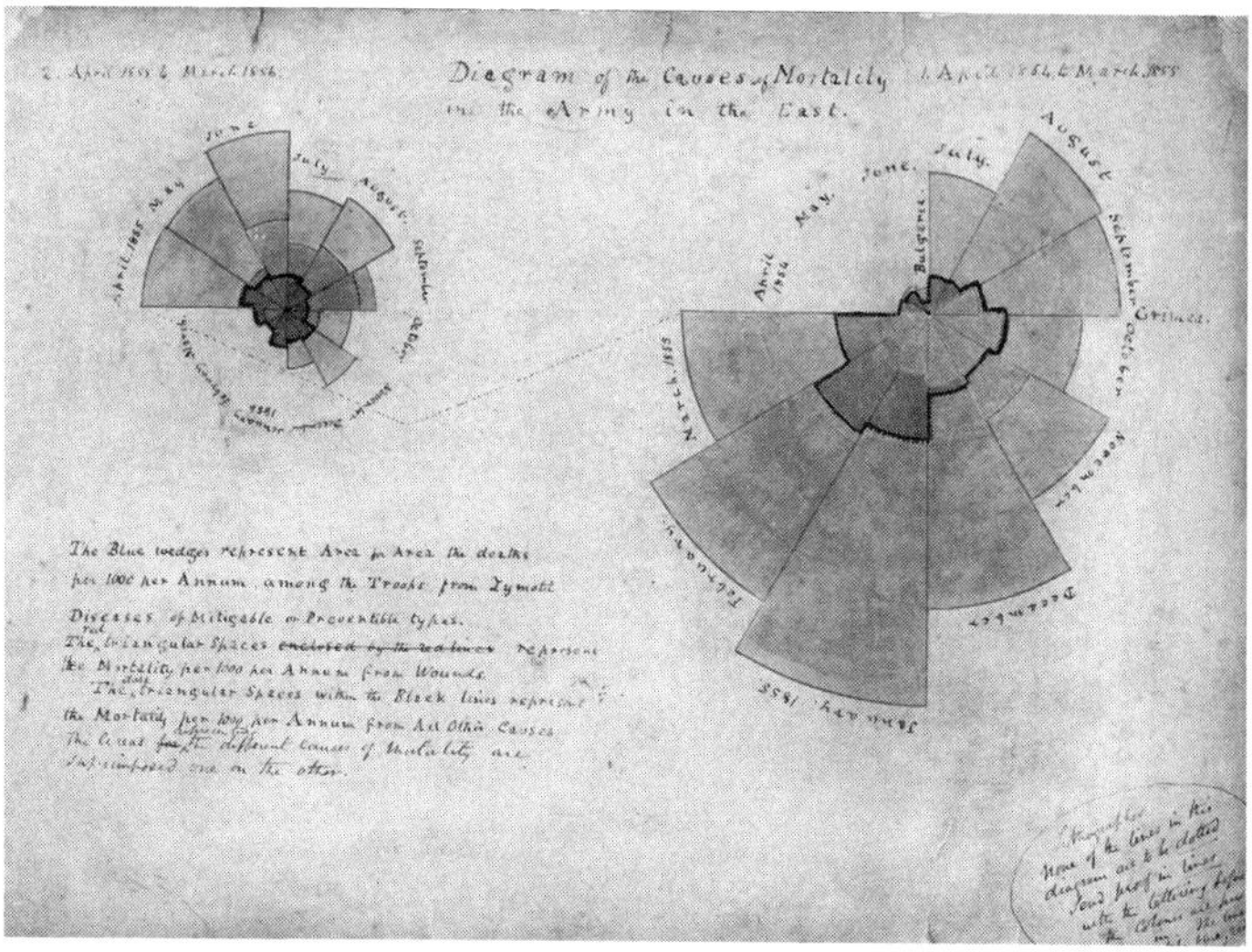

図表の下書き　ナイチンゲールのチームの創造過程を、現存する下書き図（原図はカラー）から垣間見ることができる。政府事務官が描いたこれらの下図は、彼女のチームが、いかに最初の発想を洗練させ、情報設計を改善していったかを示している。また、最終版の石版画の機械的精度がオリジナルの資料には見られなかったこともわかる。上に示す初期のスケッチは、ナイチンゲールの最も有名なグラフィックスの1つ（最終形態は132ページ）のもとになった図。予防可能な疾病による陸軍死亡者の数が負傷による病院死亡者の数をはるかに上回っていたことを色分けや太い罫線を使って明らかにしている。

フローレンス・ナイチンゲール（Florence Nightingale、1820-1910年）
戦地から帰還して数カ月後にロンドンで撮影されたナイチンゲール。ほぼ同時期、彼女はデータとグラフの仕事に着手した。

ナイチンゲールとそのチームは出版物を2回に分けて発行した。1回目の出版の後、影響力を持とうとする競合相手の動きに対処し、デザインにさらに磨きをかけて2回目を出版した。競合相手は従来の古くさいグラフを使った分析を分厚い書物の中に埋もれさせていたが、ナイチンゲールは、グラフを薄い二折判のパンフレットに収めて手に取りやすくし、図表には機知に富んだ説明文を添えた。

ナイチンゲールのグラフはわかりやすく、説得力があった。読み手に大きな負担をかける複雑な議論を構築することはせず、語りの焦点を個々の具体的な主張に定めた。それは単なるデータの可視化を超え、データでストーリーを語る「データ・ストーリーテリング」であった。

そのストーリーは、劣悪な衛生状況と過密のせいで死亡者がいかに増えたかを如実に示していた。彼女はわかりやすい比較を用いて自らの議論を構築した。例えば、陸軍の死亡率を民間人の死亡率と対比して見事に記述した。具体例として、兵舎で生活する平時の兵士の死亡率が同年齢の民間人の死亡率よりも高いことを示した。ナイチンゲールのグラフィックスを見れば、データに映し出される現実を否定することは不可能だった。軍の管理には劇的な変革が必要だったのだ。

ナイチンゲールの図表は広く報道された。1回目の出版物の刊行から数カ月の間に、過密兵舎の問題が議会両院で討議され、陸軍の衛生状態を改革する取り組みが始まった。衛生設備、衛生基準、軍医学校、軍統計の4つの専門小委員会が設置され、陸軍データの品質はナイチンゲールの協力者

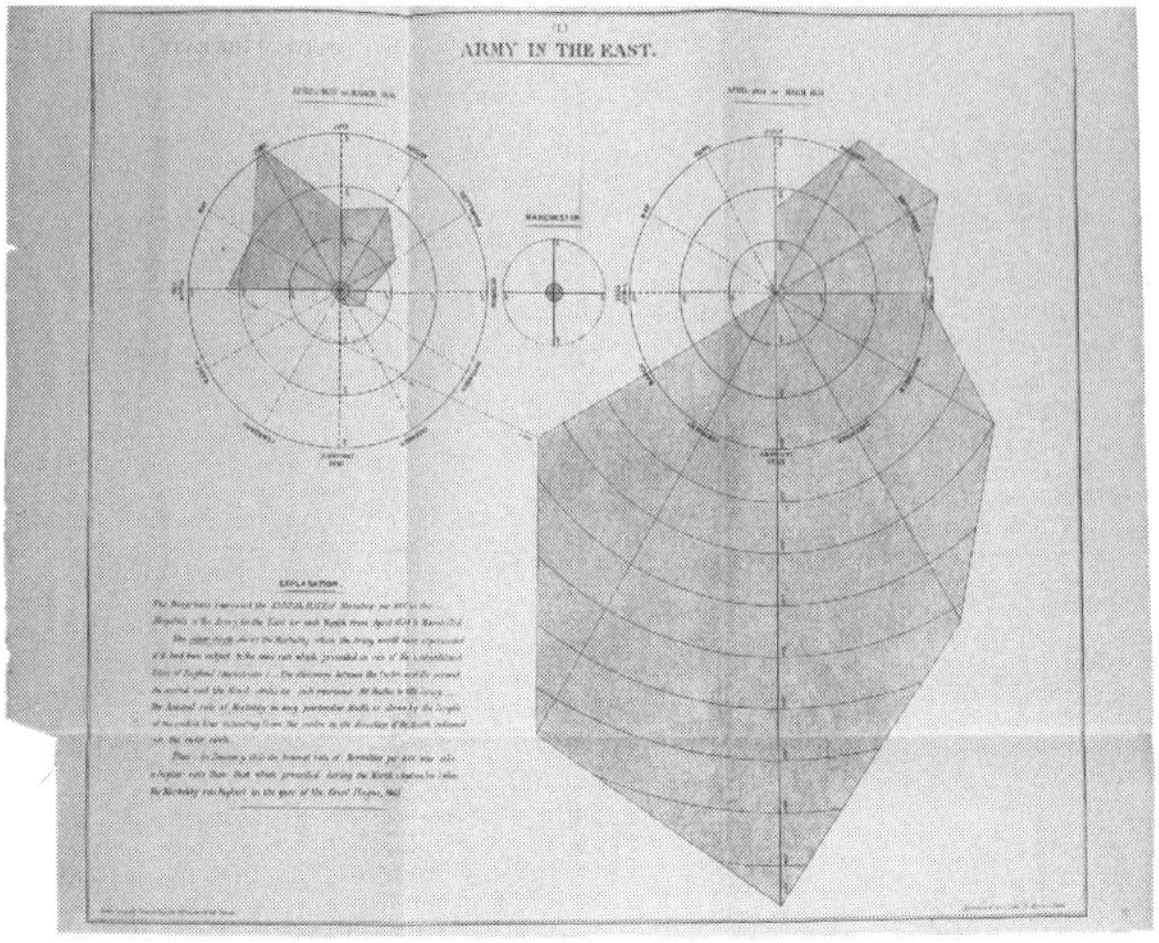

UCLA Library Special Collections, History & Special Collections for the Sciences

データ職人芸　ナイチンゲールは、医師であり医療統計学者でもあったファー（William Farr）とともに1回目の図表一式の作成に取り組んだ。その中には棒グラフや面グラフ、そして独特な円環状のグラフがあった。この図は、戦争中の英陸軍における1カ月ごとの死亡率の推移を示している。中央の小さい円は、当時、生活状況と全般的な健康状態が劣悪だった英マンチェスター市の同様のグループの死亡率を表している。身近な都市の死亡率と比較することで、読み手は陸軍の死亡率が極端に高いことを把握できた。

の指導の下、2～3年で飛躍的に向上した。のちにヨーロッパで最良と称賛されたこのデータ収集活動は、衛生改革の成功を自ら証明することにもなった。実際、兵士に見られる予防可能な疾患による死亡者は減り、民間人の間に見られる同様の死亡者よりも少なくなった。ナイチンゲールはこの画期的な成果を1863年に公開された最後のクリミア戦争図表で高らかに報告した。

一方、彼女の運動が民間人の公衆衛生を変えるまでには、さらに10年を要した。ナイチンゲールが勝ち取ろうとした改革はついに1875年の英公衆衛生法に結実し、下水道の

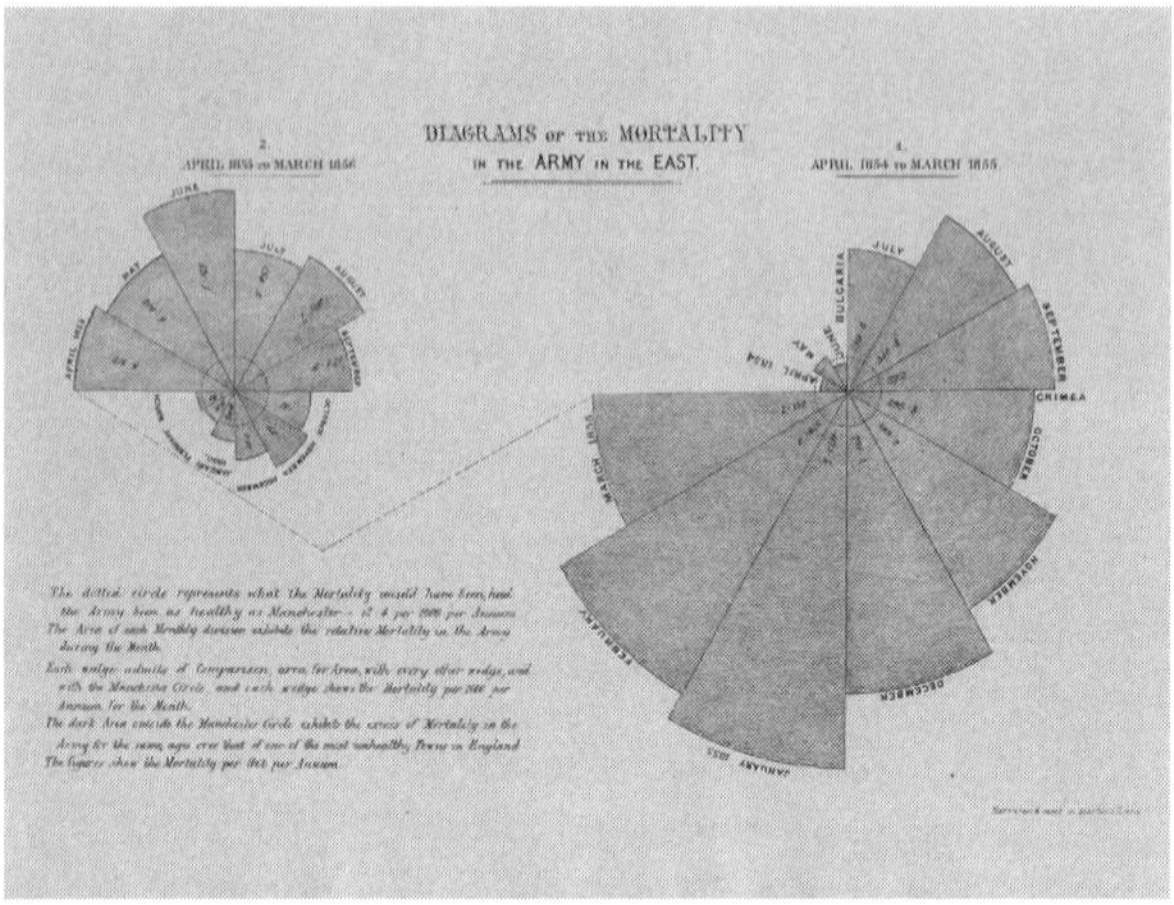

データが語る「問題点」　ナイチンゲールの２回目の可視化は、彼女の最も素晴らしいグラフィックスの業績であった。３部構成の図表一式はもともとビクトリア女王あての機密報告書に収められていた。衛生改革を進めるナイチンゲールとそのチームは匿名のパンフレットで攻撃を受けた後、図表に最終的な反論を添えて、一般の人々向けに作り替えた。この３部構成のグラフィックスは問題点（過剰な死者）を明るみに出し、その原因（予防可能な疾病）を明らかにし、命を救うための解決策（衛生改革）を提供する語りとなっている。上に示す最初の図表は、１カ月当たりの陸軍死亡率（放射状のくさび形）を２年にわたってマンチェスター市の平均死亡率（内側の点線の円）と比較することにより、問題点を浮き彫りにしている。３部構成の図表では、上の図に続いて「原因」「解決策」が作成され、衛生改善の開始とともに死亡率が大幅に減少したことを明示してストーリーが完結する。

完備、上水道の管理、建築基準の制定が義務づけられた。この法律と、この法律が世界に作った先例は、病気に対する免疫をつけるワクチンと農産物の収穫量を高める人工肥料の開発とともに、次の100年間に人間の平均寿命を2倍にする原動力となった。

（翻訳協力　島津美和子）

ウー・チェンシュン

量子もつれ実験の知られざる源流

ニューヨーク市立大学大学院センター
サイエンスライター
ミシェル・フランク

1949年11月、ウー（呉健雄：Chien-Shiung Wu）と大学院生のシャクノフ（Irving Shaknov）は、コロンビア大学ピューピンホールの地下の実験室に向かっていた。これから行う実験には反物質が必要であり、それをサイクロトロンと呼ばれる装置で生成するためだった。同装置の何トンもある磁石はあまりに巨大なので、10年ほど前に設置した際には、大学当局は建物の壁に大きな穴を開け、フットボールチームに頼んでその鉄の塊を搬入したと言い伝えられている。

サイクロトロンの磁場は、粒子を目も眩むような速さに加速することができる。ウーとシャクノフはサイクロトロンを用いて重水素原子を薄い銅板に照射し、不安定な同位体（銅64）を生成した。この同位体は電子の反物質である陽電子を生み出すのに使える。陽電子と電子が衝突すると互いに消滅して2個の光子が生じ、それらは互いに逆向きに走り去る。数年前にホイーラー（John Wheeler）は、物質と反物質が出会った際にペアとして生成される2個の光子の偏光方向は互いに直交することを予想していた。ウーとシャクノフはこのペア理論におけるホイーラーの予想（151ページの訳者ノート1）を実証しようとしていたのだった。

そうした試みは彼らが最初ではなかった。だが、最初の実験グループによる結果は誤差が大きく、十分に信頼の置けるものではなかった。2番目の実験グループは、ホイーラーの予想とやや異なる（2個の光子の同時計測確率の角度非対称性が予想よりも小さい）結果を得ていた。一方、ウーは測定の精密さと実験設計の優秀さで知られていた。実際、彼女はその前年に、他の実験グループが10年以上試みてきたフェルミ（Enrico Fermi）のベータ崩壊の理論の実証についに成功していた。

ウーとシャクノフは生成した銅の同位体を8ミリメートル長のちっぽけなカプセルに詰め込み、その中で電子と陽電子が衝突するのを待った。そして、それらの対消滅によって生じた光子のペアを、装置の両端に設置した光電子増倍管とアントラセン結晶を用いたシンチレータからなるガンマ線検出器で検出した。

彼らは最終的に先行実験よりもずっと多くのデータを収集し、驚くべき結果を得た。というのも、対消滅によって生じた光子ペアの偏光は、それらが互いに離れていてもあたかもつながっているかのように、常に直交していることをデータが示していたのだ。この実験結果はペア理論におけるホイーラーの予想の正しさを実証するものであり、1950年元旦の*Physical Review*誌に1ページの速報《レター》として発表された。しかしこの実験は、より奇妙な事実を観察した最初の実験でもあった。そ

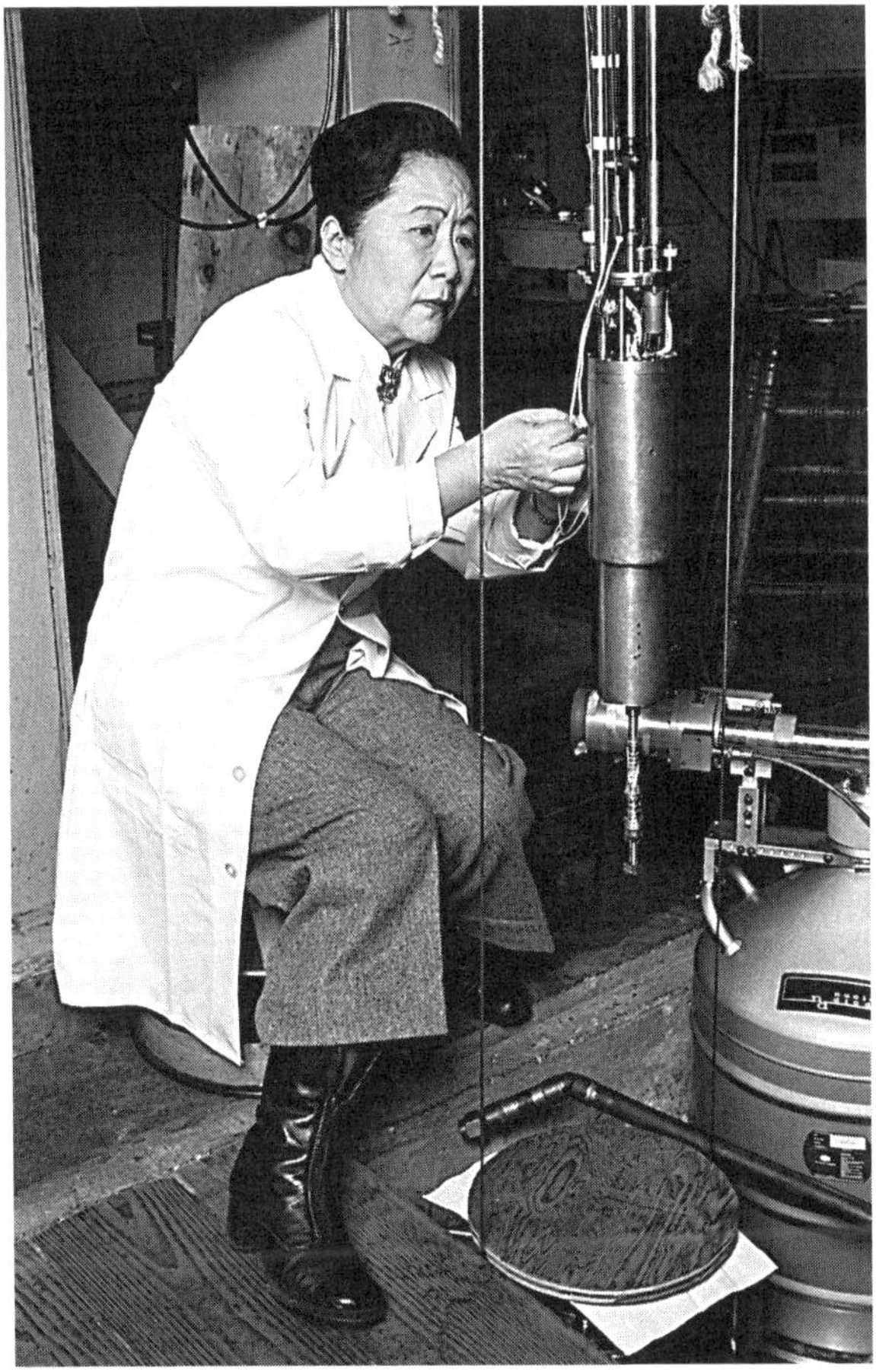

Lynn Gilbert

ウー・チェンシュン（Chien-Shiung Wu/呉健雄、1912-1997年）
1978年にコロンビア大学の研究室にて。

れは、量子もつれ状態にある2個の粒子の性質が常に完全に相関しており、両者が互いにどれほど離れていてもそれが変わらないという事実だ。量子もつれはあまりに奇妙な性質であり、それは量子力学の誤りを示すものだとアインシュタイン（Albert Einstein）は考えていた（訳者ノート2）。

２０２２年、ノーベル賞委員会は量子もつれの実験的検証に物理学賞の栄誉を授けた。受賞者のクラウザー（John Clauser）とアスペ（Alain Aspect）、ツァイリンガー（Anton Zeilinger）は、それぞれ先行する実験手法に改良を加えることで、量子もつれのより説得力のある証拠を提示した。彼らは実験結果を説明するために提案されたほかの仮説を一つ一つ排除することで、最終的に量子もつれによるものだと結論づけたのだ。ウーらの１９４９年の実験はそのような仮説を排除するためのものではなかったが、多くの科学史家はこの実験こそが光子ペアの量子もつれ現象を観察した最初であると考えている。しかし、２０２２年のノーベル物理学賞の発表の際、ウー（１９９７年に死去）への言及はなかった。そして、彼女が見落とされたのはこのときが初めてではなかった。

性差別とアジア人差別

ウーは中華民国の建国と同じ１９１２年の春に揚子江流域の小さな町に生まれた。父の呉仲裔（Zhong-Yi Wu）は学識者であり、革命家で男女同権論者でもあった。彼は娘の誕生と王朝支配の終焉を祝うために宴を開き、娘の名前を披露するとともに地元で初めてとなる女子小学校の開校計画を発表した。女の子の名前の多くがほのかな香りや美しい花にまつわるものだった時代に、呉仲裔は娘を強い英雄を意味する「健雄」と名づけた。

ウーが育ったのは、中国の民族主義と、伝統的な儒教的価値観を批判する「新文化運動」という2つの相反する流れが共存する時代だった。24歳になった1936年、中国で受けられる物理学教育の上限に達したウーは、蒸気船フーヴァーに乗船してカリフォルニアに向かった。当時の中国の政治潮流は「科学と民主主義」であり、中国の地位向上に貢献できる研究者を求めていた。ウーは物理学の学位（Ph.D.）を取得するために海を渡り、セグレ（Emilio Segrè）やローレンス（Ernest Lawrence）、オッペンハイマー（J. Robert Oppenheimer）といった先駆的な研究者のもとで学んだ。

ウーはカリフォルニア大学バークレー校（ＵＣバークレー）で最も優秀な学生になった。ウランの核分裂生成物に関する彼女の学位研究は非常に高度なものであり、また安全保障にも関わるものだったため、そのまま軍部に提出されて第二次世界大戦終了時まで非公開となった。にもかかわらず、ウーは職探しに苦労した。卒業後の2年間、ウーは研究を続けるために指導教員に頼らざるを得なかった。当時、米国内の研究大学の上位20校では、物理学科に女性教員はいなかった。

ウーにとっての障壁は性差別だけではなかった。米国に到着した1年後に戦局の悪化によって中国との往来が途絶え、特に西海岸でアジアからの移民に対する差別が激しくなった。1940年、

UCバークレー当局はウーの指導教員に、ウーの雇用は任期付きの場合のみ承認されると文書で通知し、さらに1年もしないうちに、「大学理事会が定めた規定」では「ウー氏には雇用資格がない」ので「直ちに解雇の手続きを取るべし」と通告した。そして、1942年にオッペンハイマーがマンハッタン計画を率いるためにUCバークレーを去った際、彼は多くの学生を同行させたが、その中にウーの姿は、高い評価を得ていたにもかかわらず、見あたらなかった。

結局、ウーは東部に移り、スミス大学の教職に就いた。その翌年、プリンストン大学の物理学科に初の女性教員として雇われた。間もなくマンハッタン計画から招聘され、原子爆弾の開発において葛藤を抱きつつ、目立たないながらも重要な役割を果たした。一方で、彼女は何年にもわたって移民管理当局の度重なる聴取や国外退去の脅しに対処しなければならなかった。1936年に中国を出たときは、米国に長く滞在するつもりはなかった。1945年に米中の往来が再開されたが、中国は激しい内戦状態にあり、ウーは親族から帰国するには時期尚早だと警告された。ウーが量子もつれの徴候を観測した1949年には、毛沢東が中華人民共和国を建国して共産主義を実現し、また米国内ではマッカーシズムが吹き荒れていて、事実上、帰国は不可能になった。そして彼女が故郷の家族と再び会うことはなかったのである。

究極の「運命づけられた恋」

量子もつれは数学と物理学の最も厳密な研究分野から生まれたものだが、それには詩的な趣もある。哲学者で物理学者でもあるシモニー（Abner Shimony）は量子もつれを「遠隔情熱（passion at a distance）」と呼んだ〔訳注：物理学における遠隔的な相互作用を「遠隔作用（action at a distance）」と呼ぶことにちなむ〕。量子もつれは、2個の粒子や2つの物理系がひとたび相互作用すれば、それらはもはや独立の存在ではなくなるという突拍子もない状況を生み出す。一方に起きたことは、両者がどれほど離れていても、瞬間的に他方の状態に影響を及ぼすのであり、長年にわたる実験で実証されている（訳者ノート3）。量子もつれになった2個の粒子は、たとえ両者が遠く隔てられていても、情報交換することなく相関しているのだ。さらに、個々の粒子の物理的性質は、どちらか一方の粒子が測定されるまでは定まっていないように見える。そして測定の瞬間、量子もつれ粒子のペアは、たとえそれらが銀河間の距離ほど離れていても歩調を揃える。これこそ究極の「運命づけられた恋」の姿だ。

量子もつれの奇妙さを理解するには、かつて量子物理学の研究者が素粒子の位置と運動量を測定しようとした際に、その状態を精確に知ることができなかったことを思い起こすとよい。粒子は狭い範囲に個々に局在していることもあるが、広がって波のような性質を示すこともあり、その場合には本来のサイズよりもずっと広い物理的空間に影響を及ぼす。20世紀初頭、粒子が形のあるものなのかどうかさえ実験家にはまったく確信が持てなかった。

1927年、物理学者のハイゼンベルク（Werner Heisenberg）はこの状況を「不確定性原理」として表現した。彼は量子力学の大立者のボーア（Niels Bohr）のもとで研究したが、ボーアは「相補性」という用語を用いて量子物理学がもたらしたこの不可解な実験事実を説明していた。ボーアにとって、この混乱した状況を整理する1つの方法は、特定の組の測定量（粒子の「位置」と「運動量」など）は互いに相補的であると想定することだった。つまり、素粒子の世界では、相補的な組の物理的性質を同時に知ることや厳密に測定することはできないとするのである。おそらく、そのような物理的性質は測定の瞬間まで存在しないのだろう。

だが、一方の粒子の測定が遠方にある他方の粒子の状態に瞬時に影響することが量子力学の数学的規則によって示唆され、物事はさらに奇妙になった。もし2個の粒子が何らかのテレパシーによってつながるまで、そもそも測定可能な性質を持っていないならば、この示唆はとりわけ奇妙に思われる。

1935年、アインシュタインとポドルスキー（Boris Podolsky）、ローゼン（Nathan Rosen）の3人は（それぞれの頭文字をとってEPRと呼ばれる）、それがどれほど直感に反するかを具体的に指摘し、量子力学の問題点をあらわにしようとした。この有名なEPRパラドックスは量子もつれに狙いを定め、粒子が量子もつれになった相手に光速よりも速く影響を及ぼすことができる理由とその方法について、もっとまともな説明がなされるべきだと主張した(訳者ノート4)。アインシュタインはその現象をあざけるように「奇怪な遠隔作用」と呼んだ。EPRにとって、奇怪な遠隔作用は量子力学がまだ不完全である証拠だった。

物理学者のボーム（David Bohm）もアインシュタインと同様、量子もつれに関する完全に合理的な説明があるものと確信していた。まだ見つけるには至っていないが、その説明は結局のところそれほど奇怪で悪いものではなく、「隠れた変数」によるものかもしれない。それを見つける努力がまだ足りないだけだ。1957年、ボームと大学院生のアハロノフ（Yakir Aharonov）は、EPRパラドックスに基づいて隠れた変数の存在を検証するための光子を用いた実験方法に関する論文を発表した。その中でボームは、「後述するように、より間接的な方法ではあるが、この点を検証する実験がすでに行われている」と述べている。

この実験こそがウーとシャクノフによる1949年の実験なのだと、ブラジルのフェイラ・デ・サンタナ州立大学の物理学および物理学史の教授のシルヴァ（Indianara Silva）は言う。シルヴァは科学における女性の忘れ去られた物語に大きな関心がある。彼女によれば、ウーとシャクノフが1949年に行ったペア理論におけるホイーラーの予想の初の精密実験は、光子の量子もつれを最初に確認した実験でもあり、その後何十年にもわたって量子力学の基礎研究における着想の源となった。シルヴァは、ウーの量子もつれ光子の観測の重要性を認めていた物理学者や科学史家の一連の論文を列挙している。最も古いのはボームらの１９５７年の論文で、ツァイリンガーの１９９９年の論文もある。後者には「ウーとシャクノフの先行実験（１９５０年発表）は空間的に離れた量子もつれ状態の存在を実証した」と書かれている。

ボームにはウーの発見を信頼するもっともな理由があった。彼はＵＣバークレーの大学院でウーの数年後輩だった。2人はオッペンハイマーのもとで研究し、ともにローレンスの放射線研究所（現・米国立ローレンス・バークレー研究所）で働いた。ボームがウーの名声を知らなかったはずはない。彼は１９５７年の論文の脚注でウーの論文の議論を参照している。

シルヴァはウーの実験（１９４９年の実験と１９７１年の実験）がその後の量子もつれの実験をどのように促したかについて明らかにしており、その論考は２０２２年に出版された「The Oxford Handbook of the History of Quantum Interpretations」に収載されている。シルヴァは、ベル（John Bell）がボームの隠れた変数の論文から着想を得て、２粒子間の量子的な測定値の一致数を理論的に推定でき、かつ実際に測定できることを見いだしたと指摘する。ベルは１９６４年に無名の専門誌*Physics, Physique, Fizika*に発表した論文で、新たな解析結果を定理として提示し、その際にボームらの１９５７年の論文（ウーの実験に言及している）を引用した（訳者ノート5）。数年後、若きクラウザーがコロンビア大学の図書館で見つけたのが、この「ベルの定理」の論文だった。この

量子の奇妙さ

量子物理学の最も直感に反する性質は「重ね合わせ」と「量子もつれ」だ。

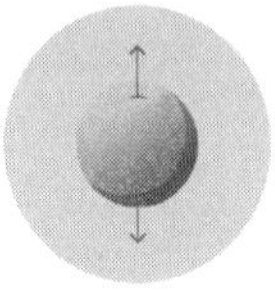

重ね合わせ　量子物理学によれば、光子などの素粒子は同時に異なる状態をとることが可能で、同時に異なる場所に存在することさえできる。これは「重ね合わせ」状態と呼ばれ、測定が行われる直前まで、素粒子はそのような状態になっている。ビー玉のような古典的な物体は一度に1つの向きにしか自転（スピン）できないが、量子的な粒子は同時に異なる向きに自転でき、例えば「上向きスピン」と「下向きスピン」の両方の状態を同時にとることができる。光子の場合、スピンは光の偏光に対応し、スピンの重ね合わせ状態にある光子は2つの異なる偏光状態を同時にとっていると理解できる。また、量子的な物体は「ここにある」状態と「ここにない」状態を同時にとることができる。つまり、量子的な物体が重ね合わせ状態にあるとき、測定が行われるまでその測定量は定まっていないように見える。

量子もつれ　量子もつれは重ね合わせ状態にある2個の粒子を瞬間的に“つなげる”。そのため、たとえ両者が非常に遠く離れていても、どちらかの粒子に対する作用（例えば、量子もつれ状態のペアの片方の粒子に対する測定）は、もう一方の粒子の状態に影響を及ぼすことになる。下図では、量子もつれになった2粒子は、最初、どちらもスピンが上向きと下向きの重ね合わせ状態にある。どちらかの粒子のスピン状態を測定するとその粒子のスピンの向きが「定まり」、同時に、他方の粒子のスピンの向きも相関した形に「定まる」。ウーの1949年の実験はこの量子もつれの徴候を得た。つまり、電子と陽電子の衝突によって生じた光子のペアは、たとえ遠く離れていても、常に互いに直交した偏光状態にあった。ウーが実験で観測したのは、これら2個の光子の相関から生じた結果だった。

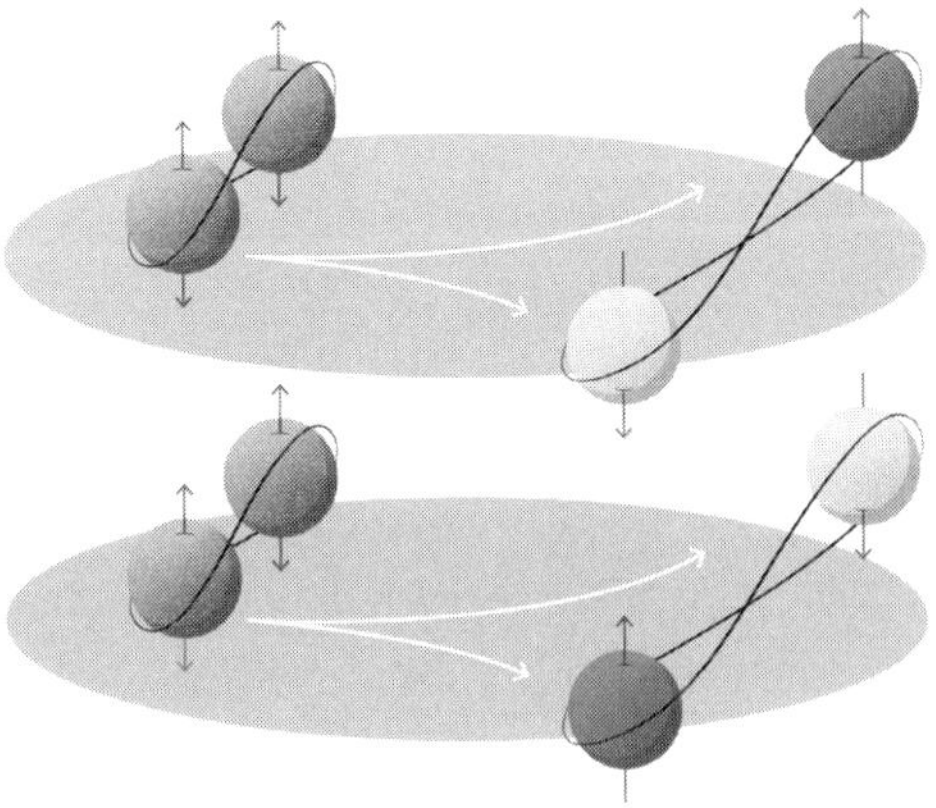

Graphic by Federica Fragapane

論文をもとにクラウザーは新たな実験を設計したが、その際に彼が期待していたことは、ベルが正しいことを証明すること、つまり隠れた変数の存在を実証することだった。

興味深いことに、ウーとシャクノフの1950年の*Physical Review*誌の速報は、ペア理論におけるホイーラーの予想について触れているものの、量子もつれについては議論していない。2012年、物理学者ドゥアルテ（F. J. Duarte）はホイーラーの予想こそが「量子もつれの本質」であるとした。他の物理学者やシルヴァのような科学史家も両者の関連性に気づいている。それならなぜ、ウーは1950年の速報で量子もつれに言及しなかったのだろうか？

もしかしたら、ウーは量子もつれの証拠について考察することにためらいがあったのかもしれない。というのは、1950年代から60年代にかけて、量子力学の基礎に関する研究は愚劣な科学としての烙印を押されていたからだ。マサチューセッツ工科大学の物理学および科学史の教授カイザー（David Kaiser）によれば、実験によって量子物理学の理論の正否を調べたり、隠れた変数理論を検証するといった考えは、当時の大半の物理学者にとって「箸にも棒にもかからない」ものだった。量子もつれの問題を探究しようとする研究者は、そのような研究に対する反感によって自分の約束されたキャリアが妨害されないよう、研究目的を偽装することが多かった。果たしてウーもそうしたかどうかはわからない。

20年以上経過した後、ウーは1949年の実験の課題に戻り、その結果をさらに精密なものにしているとシルヴァは指摘する。そのころまでに、ウーの研究者としての地位は盤石なものとなり、彼女は量子力学の基礎に関する疑問に直接的に取り組むようになった。ウーはボームの理論ではなく、標準的な量子もつれの解釈のほうを好んだ。1971年、1949年の実験の更新版を計画したウーは「この実験は隠れた変数の支持者を必ずや黙らせるものになるだろう」と述べている。

クラウザーが1969年にベルの定理の検証実験を提案した際、ウーとシャクノフの実験との違いについて入念に議論した(訳者ノート6)。クラウザーは隠れた変数理論の正しさを実証する心づもりだったが、彼の1972年の実験結果は隠れた変数の存在を否定するとともに、量子もつれの存在をより明確に示した。彼はベルの提案に従って測定結果の一致数を数え上げたが、その数は隠れた変数理論が許容するものよりもはるかに大きかった。その後、クラウザーの実験に触発されたアスペやツァイリンガーの実験によって、長年くすぶり続けてきた実験の不十分な点が解消され、量子もつれの存在が確実になった。これらの実験的業績に対して、2022年のノーベル物理学賞が与えられたのだった。

パリティ対称性の破れ

ボームの隠れた変数論文が発表されたころには、ウーの社会的環境は大きく変わっていた。彼女は結婚し、東海岸に移住した。プリンストン大学で「ガラスの天井」を打ち破り、出産を経験して米国の市民権を得た。そして、まだ正教授ではなかったが、コロンビア大学での常勤職に就いていた。

1956年、ウーのコロンビア大学の同僚リー（李政道：T. D. Lee）が、ある奇妙な問題について彼女に助言を求めた。彼と共同研究者のヤン（楊振寧：Chen Ning Yang）は、長い間正しいと信じられてきた対称性を宇宙の最小の粒子たちが破っている可能性について考えていた。ウーはリーに多くの関連研究を提示するとともに、彼らの疑問の解決につながりそうな実験を列挙した。

リーとヤンはウーの提案を実行できるような研究者ではなかった。彼らはウーのような実験家ではなく、理論家だった。サイモンズ財団による半世紀後の証言記録によれば、1956年当時、リーもヤンも自分たちの仮説の正しさをまったく確信していなかったとヤンは告白している。事実、物理学者たちは何十年もの間、それとは逆にこの対称性が我々の宇宙の構成要素の不変で一貫した形態の1つであると想定してきた。数学的な保存則によれば、一連の出来事を時間の逆向きに進めてもそれは成り立つ（時間反転に対して対称である）。しかし、ヤンとリーの仮説によると、ベータ崩壊における原子核の振る舞いを鏡に映した（鏡映反転した）ものは現実には起こらない。この考えは従来の科学的見解や常識に反するものだった。

ウーは彼女の父親と同様に、主流の考えを疑うことに抵抗がなかった。この問題の重要性を認め、どのように対処すべきかを知っていた。そして、同僚の疑問に答えるための実験を考案し、これを

パリティ対称性の破れ

ウーは、原子核の内部の弱い相互作用をする粒子は他の粒子が持つ対称性を持たないことを実証した。1956年、彼女は弱い相互作用をする粒子（放射性原子の崩壊によって生じる粒子など）に対してパリティ対称性と呼ばれる原理を検証する実験を考案した（下図参照）。陽子または中性子が安定な数よりも多い原子核は、安定な原子核に変わる際に過剰な電子を放出する。ウーと共同研究者たちは、極低温に冷やした強力な磁石を用いてコバルト60原子核の磁気スピンの向きを揃えた。そして、原子核から電子がどちらの向きに放出されるかを観察した。実験で原子核の磁気スピンの向きを上向き（左巻き）から下向き（右巻き）に反転させると、上向きのときに観測された状況を鏡に映した状況が観測されるものと期待される。ところが、実験ではコバルト60原子核は依然として磁気スピンの向きとの相関関係を保ちながら（逆相関を持つように）電子を放出していた。すなわち、弱い相互作用をする粒子に関してはパリティ対称性は破れているのだ。この予期せぬ結果は物理学界に衝撃を与えた。

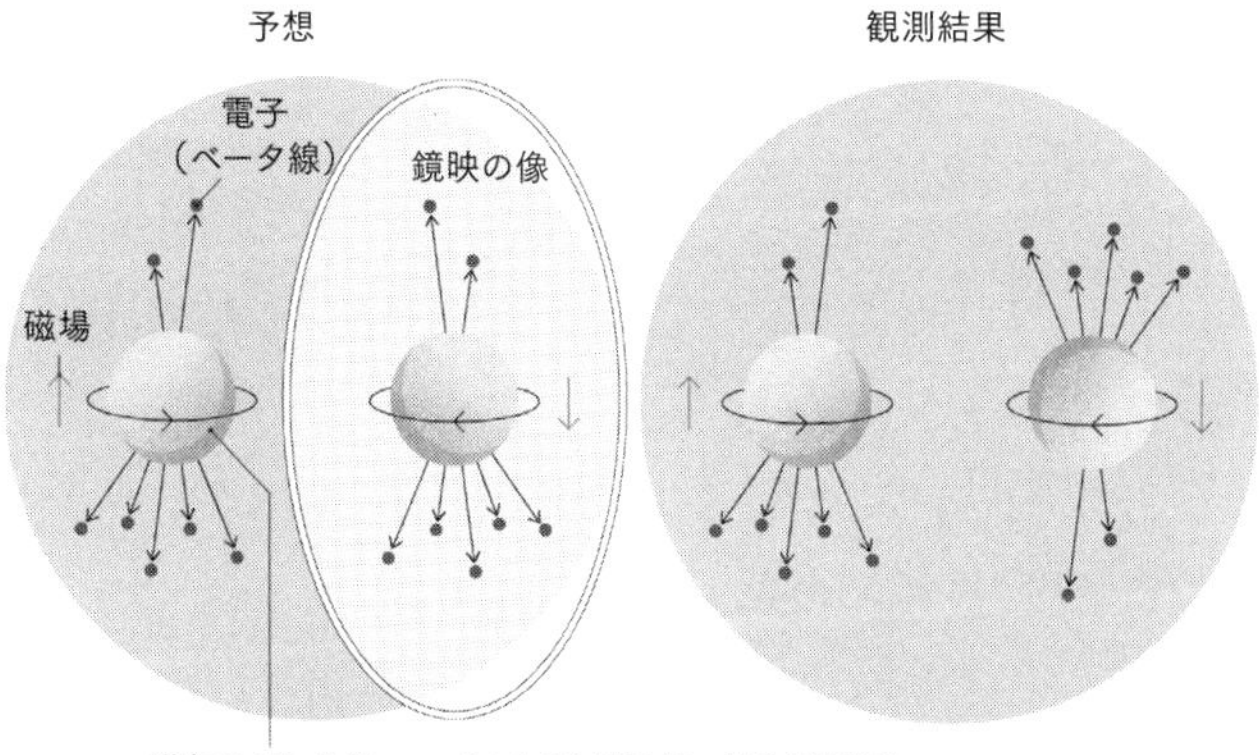

磁気スピンを持つコバルト60原子核の放射性崩壊

Graphic by Federica Fragapane

主導した。しかし、その代償として、ウーは1936年以来、初めての里帰りとなるはずだった中国訪問をキャンセルしなければならなかった。

考案した実験を行うために、放射性元素であるコバルト60の原子核を、ほとんど動かなくなるまで冷却する必要があった。ウーはその核崩壊の際に生成される粒子が対称的に放出されるか(物理学者の多くはそう信じていた)、「右巻き」と「左巻き」のどちらかに偏って放出されるかを調べようとしたのだ。ウーはワシントンにある米国立標準局(NBS:現在の米国立標準技術研究所NIST)に協力を求めた。他の研究施設とは異なり、NBSには絶対零度に近い温度で実験を行う設備と技術があったからだ。ウーは何カ月間もニューヨークとワシントンを往復し、実験を行う大学院生を指導した。

1957年1月までに、ヤンとリーとの密接な連携のもとで、ウーとNBSの共同研究者は驚くべきことを発見した。ベータ崩壊による放出粒子は「左巻き」であり、多くの物理学者が信じていたのと違って対称的ではなかったのだ。その結果が発表されるや否や、ヤンとリー、ウー、およびウーに協力した実験家は国内の多くの研究会に招かれ、彼らの名前と姿がマスメディアで大きく取り上げられた。同じ年に米国物理学会の年会がニューヨーカーホテルで開かれた際には、「彼らが発表した最大のホールにはあまりにも多くの聴衆が押しかけたので、一部の人たちはシャンデリアにつかまるようなこと以外ならば何でもしていた」と当時の学会報は伝えている。

同年10月、ヤンとリーは中国系米国人として初めてノーベル賞を受賞した。同賞の規定では、受賞者は3人まで選ぶことができるが、ウーは含まれなかった。この状況はウーが実証した物理現象になぞらえて「パリティ対称性の破れ」と呼ぶのがまさにふさわしい〔訳注：物理でのパリティは鏡映変換のもとでの「偶奇性」を意味するが、一般にはパリティは「(人種や性差のもとでの) 平等」の意で用いられることが多い〕。1957年のノーベル賞は、プリズムが光を異なる色の帯に分解するように、個人の要素を分解し、性差による扱いの違いを明確にしたのだ (154ページ「ウーとノーベル賞を参照)。翌年、コロンビア大学はようやくウーを正教授に昇進させた。

1967年にイスラエルで行われた素粒子物理学の会議に出席したウー（前列中央）。

物理学における戦後最大の事件

ヤンは1957年12月のノーベル賞受賞講演で、ウーの実験がどれほど重要だったかをノーベル賞委員や招待客に語るとともに、彼らの結果はウーの実験チームの勇気と手腕によるものだと明確に述べた。リーは後年、ノーベル賞委員会にウーの貢献を認めるよう要請している。オッペンハイマーはウーが1957年のノーベル賞を共同受賞すべきだったと公言し、セグレはパリティ対称性の破れを「おそらく物理学における戦後最大の事件」とした。

他の科学者たちも科学業績の最高認定からウーを排除したことを批判している。1991年、『ゲーデル、エッシャー、バッハ』（邦訳は白揚社、1985年）の著者ホフスタッター（Douglas Hofstadter）は科学者を組織し、ノーベル賞委員会にウーを物理学賞に推薦する手紙を送っている。また、2018年に1600人の研究者が欧州原子核研究機構（CERN）に送った今日の物理の研究環境における性差別に関する公開書簡には、次のようなくだりがある。「素粒子物理学に関わりがある研究者で、ノーベル賞に値すると広くみなされているにもかかわらず受賞しなかった女性が少なくとも4人いる。男性の共同研究者が受賞している場合があるにもかかわらず」。そしてウーはそのリストの筆頭に挙げられている（訳者ノート7）。

パリティ対称性を覆したウーは、女性として初めて米国科学アカデミーのコムストック物理学賞を受賞し、女性初の米国物理学会会長となり、第1回ウルフ賞を受賞した。また、彼女への敬意を表し、存命中の物理学者としては初めて小惑星に彼女の名がつけられた。ウーの活躍は、女性や非白人の研究者に西洋の大学の教職への門戸を開くことにつながった。中国でも彼女は深く尊敬されている。2021年、米郵政公社はウーの肖像を採用した永久保証切手を発行した。今日では、ウーのパリティ対称性の破れの実験は素粒子物理学の標準モデルへの道のりの最初の一歩として理解されており、この宇宙に物質が存在する理由の解明に寄与するものと考えられている。

だが、ウーの初期の量子もつれ実験は今なお世に知られていない。我々は全体の一部を調べることによって、離れたところにある関連した物事を理解し始めることがある。2022年のノーベル物理学賞は、互いに遠く離れた場所で行われた関連する一連の実験を顕彰した。すでに亡くなっているウーに受賞の可能性はなかったが、彼女の初期の実験がようやく量子もつれ研究の歴史の重要な部分として知られるようになった。シルヴァなどの科学史家のおかげだ。人々は英雄譚や一匹狼の天才の話を好むだろうが、よくよく調べれば、科学の偉大な発見は量子もつれ自身のように、基本的には「つながり」によっていることがわかる。

（筒井泉 訳）

訳者ノート

1．ペア理論のペアとは電子と陽電子の一対のことであり、それらに光子を含めた相互作用の理論が、当時、ペア理論という名で呼ばれていた。したがって、ペア理論は1928年の有名なディラック（Paul Dirac）の相対論的電子の理論を実質的に指すが、ホイーラーはその帰結として、電子と陽電子のペアが相対角運動量ゼロの状態で対消滅すると、生成される光子の偏光が特定の形で相関することを見いだし、その実証実験を提案した。ホイーラーの当時の研究状況については、彼の伝記的著書 J. Wheeler with K. Ford著「Geons, Black Holes, and Quantum Foam」（W. W. Norton & Company、1998）に詳しい。

2．本文でも後に述べられるように、アインシュタインの考えは、量子もつれが意味する非局所的な相関は量子力学による個々の物理量の記述が不完全である証拠だというものであり、統計的な解釈における量子力学の正しさを否定するものではない。

3．量子もつれになった2つの物理系に測定を行うと、それらが遠隔的に離れていたとしても、その結果は古典物理学では説明のつかない形で相関している。この現象は「非局所相関」と呼ばれるが、その標準的な解釈では、一方の測定によって他方の量子状態が瞬時に変化（状態収縮）した結果だとする。量子力学における量子もつれ状態の記述を実在に対応したものだと考えると、この変化は一方の測定が他方の物理的な実在に影響した結果だと因果的に解釈することになる。一方、量子もつれ状態を測定者の物理系に関する知識や情報の記述だと考えたり、個々の測定結果は異なる別世界での出来事だと考える場合には、ここで述べた因果的な解釈は不要になる。

4．ＥＰＲ論文では瞬間的な影響は受け入れられないとしているが、その影響の伝播が光速を超えることを否定の理由としてはいない。このＥＰＲ論文に限らず、アインシュタインは量子力学と彼の相対性理論との矛盾を光速の観点からは問題視していないようである。

5．ベルが着想を得たボームの論文は、隠れた変数理論の具体的なモデルを提案した１９５２年のもので、１９５７年のアハロノフとの共著論文とは別のもの。ベルの１９６４年の論文が主に参照したのもこの１９５２年の論文であり、１９５７年の論文は実験的検証に関する可能性の議論での言及に限定されている。なお、ベルがボームの論文から着想を得てベルの定理を導いた経緯に関しては、「The Oxford Handbook of the History of Quantum Interpretations」のシルヴァの論考には含まれていない。

6．クラウザーの１９６９年の論文はホーン（Michael Horne）とシモニー、ホルト（Richard Holt）との共著で書かれ、その後のベルの定理の検証実験における規範的な判定方法を与えるものになった。このCHSH論文ではウーとシャクノフの実験について、電子と陽電子の対消滅で生成した2個の光子が電子に衝突して散乱する角度の相関を測定するものであり、そのために2光子の状態を知るうえでは間接的な測定となることから、量子もつれ特有の相関の実証には不十分であると述べられている。

7．ウーのほかには、銀河の回転速度に関する観測で知られるルービン（Vera Rubin）と核分裂の発見に貢献したマイトナー（Lise Meitner）、パルサーを発見したベル＝バーネル（Jocelyn Bell Burnell）が挙げられている。

ウーとノーベル賞

ウーが1957年のノーベル賞に選ばれなかった理由については、ハンガリー・ブダペスト工科経済大学の女性科学者ハージタイ（Magdolna Hargittai）の論考（Credit where credit's due?, *physicsworld*, 13 Sep. 2012）で詳しく論じられている。それによれば、ノーベル賞の対象研究はその前年までに専門誌に掲載されたものでなければならないと規定されており、ゆえに1957年2月に *Physical Review* 誌に掲載されたウーらの論文は同年の受賞対象にはならない。

後年に授与されなかった理由についても以下のように考察されている。ウーの実験はNBSとの共同研究であり、その関与が実験の実施に重要であることから、NBS側の共同研究者（論文共著者）の4人を無視することはできない。また、ウーらの実験とほぼ同時期に同じコロンビア大学のレーダーマン（Leon Lederman）が別の実験でパリティの破れの検証に成功しており、その結果をウーらの論文と同じ号の *Physical Review* 誌に発表している（さらにシカゴ大学のグループも独立に実験を行い、その結果を同年3月の *Physical Review* 誌に発表している）。したがって、同一年のノーベル賞受賞者は3人以内とする規定のある中で、これらの中から該当者を絞るのが困難だった。また、ウーが他の多くの著名な賞を受賞し様々な栄誉を得ていることなどから、ノーベル賞選定に関して彼女の評価に性差別があったとは考えがたいとハージタイの論考は結論づけている。

（筒井泉）

ジェーン・グドール

チンパンジーと歩んだ50年

サイエンティフィック・アメリカン誌
ケイト・ウォン

1960年7月4日、ジェーン・グドール（Jane Goodall）という26歳の英国女性が、タンガニーカ湖の北側にあるタンザニアのゴンベ・ストリーム野生保護区にやってきた（現在は国立公園）。野生チンパンジーの研究をするのが目的で、大型類人猿の行動から人類の祖先についての手がかりが得られると信じていた有名な古人類学者のリーキー（Louis S. B. Leakey）に雇われたのだ。

当初、グドールは科学の専門的な教育をまったく受けていなかった（後にリーキーは彼女をケンブリッジ大学に送り、グドールはそこで動物行動学の博士号を取得した）。現生生物の中で人類に最も近いチンパンジーについてのグドールの先駆的研究は、それまでの動物行動学を覆した。そして、チンパンジーのフィフィや白ひげのデイヴィッドたちは、彼女が語るドラマチックな暮らしぶりによって、一般にもすっかり有名になった。

76歳になったグドール（2010年当時）は、絶滅の危機にあるチンパンジーの救済や、より広い保護のために時間を費やしている。ゴンベで仕事を始めてから50年になるのを香港で祝っていたグドールに、サイエンティフィック・アメリカン編集部のウォン（Kate Wong）が電話で聞いた。

――最初にゴンベに到着したとき、チンパンジーをどう考えていたのか？

チンパンジーが非常に知的であることは予想していたが、野生での暮らしぶりや、彼らの社会構造については、よくわかっていなかった。

――彼らの行動で最も驚いたのは？

最も重要なのは、彼らが信じがたいほど人間に似ているという点だ。多くの人が、チンパンジーが道具を作り、使うという事実に非常に驚いたが、私はさほど驚かなかった。ドイツの心理学者ケーラー（Wolfgang Köhler）が、捕獲されたチンパンジーが道具を簡単に使いこなす例を報告していたからだ。

しかし、野生チンパンジーで、道具の製作や使用、狩りの分担や食物の分け合いを観察できたことにはわくわくした。おかげで研究を続ける資金も得られた。

ショックだったのは、人間と同様に、チンパンジーにも負の側面がある点だ。暴力的な野蛮さを見せたり、戦うことすらあるということだ。群れどうしがなわばりをめぐって、原始的な戦争のよ

©Bruce Coleman/PPS

ジェーン・グドール（Jane Goodall、1934年生まれ）
インタビューで「あなたの最も重要な貢献は？」と問われたグドールは、「私たち人と他の生き物との間にはっきりと引かれていた境界線をあいまいにしたこと」と答えた。

うなものを始めることもある。さらにショッキングなのは、同じ群れの雌が、生まれたばかりの赤ん坊チンパンジーを襲うことだ。

――人間とチンパンジーの精神的な違いを生んだものは何か？

知性の爆発的発達だ。手話を学習したり、コンピューターを使っていろいろなことができる非常に頭のいいチンパンジーはいる。だが、だからといって、彼らの知性を、アインシュタインのような天才はおろか、普通の人とだって比較することは馬鹿げている。私自身は、今日使われているような言語の使用を始めてから、人間の知能の進化は速まったと感じている。言語のおかげで私たちは過去のことについて議論したり、遠い先の計画を立てることができるようになったのだ。

――野生チンパンジーの生息状況は？

問題が山積している。何が一番の脅威かは場所によって異なるが、たいていの場所で最も大きな問題は森林の減少だ。チンパンジーの大きな集団が生息しているコンゴ盆地では、野生動物を食用肉として売買する不法取引も脅威となっていて、現状はかなり陰惨だ。また、チンパンジーは人間のさまざまな感染症にかかるので、木材会社が森林の奥まで道路を作ると、チンパンジーにとってさらに危険な状況となる。

――現在、チンパンジーを保護するために何をしているのか？

タンザニアでは、ジェーン・グドール研究所がＴＡＣＡＲＥプロジェクト（タンガニーカ湖集水域森林再生・教育計画、Take Care の意味をかけた言葉）を立ち上げ、貧困を減らす手助けをすることで地元村人の生活を改善しようとしている。こうした経緯から、村民は現在、私たちの森林保護活動に協力してくれている。彼らは、木を伐採しないことによって水を守ることの重要性を理解している。ゴンベは非常に狭い場所だが、以前ははげ山だった国立公園のまわりに、現在、緑地帯が育っている。私たちは周囲の熱帯林へと続く「緑の回廊」を作り始めているところで、チンパンジーの小さな集団をそこに住まわせている。チンパンジーがこうした回廊を使って（生息地を広げて）くれるかどうかはわからないが、少なくとも彼らにそういう選択肢を与えている。

もうひとつの活動は「森林の減少・劣化に由来する温室効果ガス排出削減（ＲＥＤＤ）イニシアチブ」だ。これは、自分たちの森林を保護していると証明できる共同体に、排出枠取引によって得られた金をまわすという資金調達の仕組みだ。２０１０年に在タンザニアのノルウェー大使館からもらった交付金を使い、私たちは共同体がＲＥＤＤに参加する助けをしている。たとえばグーグルアース・アウトリーチと協力して現地の人にアンドロイド・スマートフォンなどの使い方を教え、炭素データを集めて、自分たちの森林を監視してもらっている。

――あなたの最も重要な貢献は何だったと思うか？

私たち人と他の生き物との間にはっきりと引かれていた境界線をあいまいにしたこと。人は動物界から離れた存在ではなく、その一部なのだということを理解する上で、チンパンジーは手助けをしてくれたと考えている。また彼らのおかげで、地球を共有する人間以外のすばらしい生き物に私たちは敬意を払うようになったと思う。

世界中の若者が、自分たち1人ひとりの毎日の行動が違いを生むのだということに気づく必要がある。もし皆が自分の小さな選択（たとえば、何を食べて、何を着て、何を買うか、AからBに行くにはどうしたらいいか）の結果について考え、それに従って行動し始めたら、こうした数百万の小さな変化が、大きな変化を生むことだろう。子どもたちのことを思うなら、そのような変化を生み出さなければならない。だからこそ私は、1年に300日も旅をして、若者のグループだけでなく、大人や政治家や企業と話をしている。私たちにはそれほど多くの時間は残されていないと思うからだ。

――読者からの質問。人間の儀式の音楽や踊りには共通性があるが、それを解明する手がかりとなる霊長類の行動を見たことはあるか？　こうした行動、あるいは行動の芽生えのようなものは、共通の祖先にも見られると思うか、それともそれは人間に固有のものか？

（ゴンベの）山の上のほうで、80フィート（約25メートル）の高さから岩の河床に流れ落ちて轟音を立てる滝に出くわしたときなど、チンパンジーはよく、驚くほどリズミカルな表現をする。ほとんど踊っているかのようだ。毛を逆立て、リズミカルに横に体を揺らす動作を始め、20分も続くことがある。そして時々、ダンスを終えて座りこみ、流れを目で追いながら水が落ちるさまを見つめている場面を目撃することがある。彼らがこうした身体表現のきっかけとなった気持ち（おそらく驚きか畏怖のような感情に違いないと思う）について互いに語り合うことができたら、自然現象への崇拝、つまり宗教へとつながるだろう。

――特定の動物に見られる行動を擬人化することは危険だと科学者はしばしば警告する。逆の方向に度が過ぎる危険はないか？　人間の行動を、ほかの生物の行動とはまったく異なるカテゴリーに入れてしまうという危険は？

私たちはとても傲慢だ。私たちのするすべてのことは、その性質も重要性も（動物のものとは）異なっているはずだと考えている。したがって、人間のふるまいに似ているように見える動物のふるまいも、私たち人間のものに〝似ているはずがない〟ということになってしまう。

1960年に、チンパンジーに感情や気持ちがあり、考えることができると私が最初に話をしたとき、ひどく批判された。推論や感情は、個性と同じく、私たち人間に特有であるはずだと考えられていたのだ。幸い、子どものときに、私は飼い犬のラスティから、そうではないということを学んでいた。動物たちにも気分がある。すねたり、喜んだり、悲しんだりする。私は、ラスティはものを考えられるし、問題を解決する能力もあることを知っていた。そしてラスティには、私が飼ったほかの犬とは異なる、独自の個性が明らかにあった。進化のはしごをずっと下っていっても、同じ集団内のメンバー間ではそれぞれかなり違う個性があるということだ。

それにもかかわらず、チンパンジーの個体間には違いがあると私が話すと、動物行動学者たちはこう言った。「そうだな、まあそういうこともあるかもしれないが、それについて本当には理解していないのだから、私たちは語るべきではない」。

ペットを飼っている人ならば、動物には気持ちや個性や心があることを知っている。だが、科学者は人間と動物の違いを見つけ出そうとしている。人間のユニークさにケチをつけるような発見があると必ず、人間がユニークであることを示す他の何かを見つけようとする動きが起こる。しかし、チンパンジーと私たちを分ける線は非常にあいまいなのだ。

——別の読者からの質問。あなた自身がフィフィや白ひげのデイビッドに観察されていると想像したことはあるか？　彼らはあなたについてどんなことを発見したと思うか？

すばらしい質問だ。チンパンジーは私をどう思っただろう？　彼らは人間を受け入れている。自分たちと同じく森に暮らすヒヒなどの動物とさして変わらないと思っているのではないだろうか。ただし、森のほかの動物たちと違って、人間は彼らをつけまわすのだが。でも、それ以上のことは私にはわからない。

――チンパンジーがあなたを受け入れるまでにはしばらく時間がかかった。どうやって彼らの緊張を解いたのか？

地面に座りこんで、小さい穴を掘ったり、葉を食べるふりをした。私が彼らに興味をもっているわけではなく、たまたまそこにいるだけと思わせるような行動をとった。彼らにすばやく近づくようなことはしなかった。高台などの上に座って長い時間をすごし、いつも同じ色の服を着て、遠くから彼らを観察した。こんなこともした。ある木に実がなったとき、チンパンジーたちがその実を食べに来るのを知っていたので、小さな隠れ場所を作ったのだ。彼らは、私がそこにいるのを知っていたが、私がシュロの葉の後ろから出ないという一種の暗黙の了解ができていた。だんだんとチンパンジーたちは私に慣れていき、私は彼らを追跡できるようになっていった。

子どもはとても好奇心が強く、幼いときには特に好奇心旺盛だった。子どもたちは、母親がまだ少し私を警戒していることを知っていたが、好奇心が勝った。子どもたちは手を伸ばして私に触れ、それから自分の指のにおいをかぐ。彼らがものについて学ぶときのやり方だ。

——少し前に、エチオピアで調査中の考古学者たちが、以前に考えられていたよりも80万年も早く、人類が石器を使って動物を殺していた証拠を見つけたと発表した。それはおそらくアウストラロピテクスで、それもルーシーと同じアファール猿人だろうと言われている。この発見は大きな議論となったが、チンパンジーで観察したことを考えれば、原始的な人類が石器を使っていたというこの証拠は、あなたには驚くにあたらないことではないか?

そう、私にとっては驚きではなかった。チンパンジーが棒を使って木の葉の茂みに隠れているキツネザルを殺すのが観察されている。突き刺す道具のように棒を使ったのだ。木の実の堅い殻を石で割ることもある。私は(考古学者の発見に)驚かない。

人類が最初に使用した道具は、石ではなかったと思う。石の使用は複雑だからだ。石ではなく、小枝や葉といったものだっただろうと想像している。

(翻訳協力 古川奈々子)

4

大発見の裏側

ガリレオ・ガリレイ

ペスト禍を生き抜いたガリレオ

ハーバード大学／科学史家
ハンナ・マーカス

新型コロナウイルスが世界を揺るがせていた数カ月、私たちは以前とはまったく異なる仕事の仕方を学ぶことを強いられた。科学者については、疫病をバネに優れた業績を上げた模範としてニュートン（Isaac Newton）が繰り返し語られてきた。彼は１６６６年、ペストを避けて英国の田舎で過ごし、重力と光学、微積分学の構想を練り上げた。「奇跡の年」として伝えられる。

だが、この孤立と沈思黙考はペスト流行期における科学研究の１つのモデルにすぎないし、私たちが見習おうとしても難しい。非常時の科学研究のモデルとしてより参考になるのは、望遠鏡を科学機器に変え物体の運動に関する新たな物理学の基礎を築いた天文学者にして物理学者、数学者のガリレオ・ガリレイ（Galileo Galilei）だ。実際、ガリレオの人生のうち最もよく知られる激動の出来事は１６３０～１６３３年のペストの大流行の間に起こった。

ペスト流行に翻弄される人々

1564年生まれのガリレオは子供時代にフィレンツェでその前のアウトブレイク（1575〜1577年）を経験している。このペスト大流行は北イタリアで猛威を振るい、ベネチアでは人口の3分の1にのぼる約5万人が死亡した。後にピサ大学の医学生となったガリレオは、この悪名高い疫病についてさらに多くを学んだに違いない。間もなく彼は父親が望んだ医学の道を捨てて数学と天文学に転じたものの、ペストには関心を抱き続け、関連の書物を読み、この病気を話題にしている。

1592年までにガリレオはパドヴァ大学で威信ある職に就き、1610年に『星界の報告』を出版した。彼がその望遠鏡を用いて成し遂げた発見を報告したコンパクトな書物だ。各ページの挿絵には、それまでの肉眼では見えなかった星が満載で、月面には山々がそびえ、「メディチ家の星々」が木星を周回する軌道をめぐっていた（これらガリレオ衛星は当初、後にガリレオのパトロンともなる一族にちなんでこう名づけられた）。同じ年、友人のブレンツォーニ（Ottavio Brenzoni）が、そのころに出版したペストに関する論文の写しをガリレオに送っている。星界におけるガリレオの発見も、地上の出来事から完全にかけ離れたものではありえなかったといえよう。

ガリレオが受け取った手紙には、1630年にトスカーナ州で始まったペストの流行について言及したものが多い。例えば息子のヴィンチェンツォ（Vincenzo）からの手紙には、彼がガリレオと自分の若い息子を残してプラート郊外の小さな町に逃れた後の弁解めいた記述がある。「お断りしておきますが、私がここへ来たのは自分の命を救いたいという願いからであって、保養や気分転換のためではありません」。

ガリレオの弟子でピサ大学の数学教授を務めているアジュンティ（Niccolò Aggiunti）が大学が閉鎖されたために父親のいるフィレンツェに戻り、再び父の監督下に入ったことを嘆く冗談めいた記述はよくわかる気がする。「私は健康に生きたいのですが、父は私に健康に死んでほしいと望んでいる。ペストで死ぬのはまかりならんが、それ以外なら、私が飢えて死ぬのなら父は満足なようです」。ガリレオの親友の数学者カステリ（Benedetto Castelli）は1631年の手紙で、ガリレオとともにローマにいたころが「何千年も昔」のように感じられるとこぼしている。私たち自身、ほんの数カ月前、コロナ以前の生活を顧みれば、その思いはよくわかる。

『天文対話』から異端審問へ

ペストはガリレオの最も有名で物議をかもした書物にとって、障害になる一方で好機ともなった。ガリレオは1630年の春、『二大世界体系についての対話』（『天文対話』）をローマで出版する準

ガリレオ・ガリレイ（Galileo Galilei、1564-1642年）

備のために現地に滞在していた。これには彼が所属するアカデミア・デイ・リンチェイ（山猫学会）を通じて出版する段取りをつけ、バチカンの検閲を受けて出版許可を得る必要があった。

だがその夏にフィレンツェでペストが発生、ガリレオはこの書物を地元で印刷することを決め、これによって検閲の作業が通常よりもはるかに複雑になった。ローマ教会の検閲当局は、『天文対話』の一部をローマにいる関係者がチェックし、最終稿を含むその他の部分はフィレンツェで取り扱うことにしぶしぶ同意した。離れた2つの都市に分かれて複数の権威者が検閲するというこのプロセスはガリレオに、地球が動いていることを支持する自説について、通常の状況では許されなかったと思われる強い表現を与える余地を与えた。

『天文対話』は1632年2月にフィレンツェで完成した。フィレンツェとローマの間の郵便は通常なら数日で届くが、ペストの発生で両市は旅行と物品輸送を制限していた。この結果、6月までにローマに届いた『天文対話』は2冊だけで、翌7月に追加の6冊が着いた。冊数が増えるにつれ、その内容と主張に注意が払われ、ローマカトリック教会の上層部が同書を目にするに及んで、教皇ウルバヌス8世とイエズス会士はペスト流行のさなかにガリレオが取った勝手な振る舞いに激怒した。1週間以内に同書は禁書となった。1632年9月、ガリレオはローマの異端審問所で証言するよう出廷を命じられた。ペスト流行は収まりつつあり、裁判が始まろうとしていた。

郵便と出版、回覧を妨げたのと同じ遅れが、今度はガリレオの助けになるかと思われた。彼は無罪を申し立て、法廷を地元のフィレンツェに移すよう嘆願した。「そして最後に、結論としてはこうしたいと思います」と、彼は友人で教皇の甥にあたる枢機卿にして異端審問官のバルベリーニ(Francesco Barberini)に宛てた長い手紙の最後に書いている。「私の高齢と多くの身体的不調、精神的苦悩、いまなお続く艱難(ペストを指す)のなかでの長旅のいずれもが裁判を猶予するに不十分であるなら、私はこの旅を実行いたしましょう」。これに対するローマ異端審問所の答えはにべもないものだった。ローマに出頭すべし、さもなくば逮捕し鎖につないで連行する。

1633年1月20日、ガリレオはローマに向けて出発した。この旅は検疫隔離を含め3週間続いた。その6カ月後、裁判は終わった。ガリレオは自分の誤りを認め、異端審問官の前で自分の研究を放棄することを宣誓し、ローマからシエナ経由でフィレンツェ郊外のアルチェトリに向かう帰路についた。そこにある別邸で軟禁状態のまま、残り9年の生涯を過ごすことになる。

ガリレオを支えた家族

ガリレオに対する譴責とその審判をめぐってはガリレオの考え方が注目されてきたが、別の側面もある。彼の長女、修道女マリア・チェレステ（Maria Celeste）はクララ会の修道院で世間との交流を断って生活していたが、ガリレオの健康状態を気遣ってリモートで世話をした。修道院の壁の向こうから、ガリレオのために食べ物を準備し、ペストを防ぐための薬を調合して送り届けた。1630年11月のある手紙には、父の健康を守ろうと2種類のなめ薬が同封された。薬剤を蜂蜜に混ぜて固めたものだ。「説明書きのないほうは干しイチジクとナッツ、ヘンルーダ(ミカン科の植物)、塩」を蜂蜜に混ぜたもので、「これをクルミほどの量に分けて毎朝の食前に食べ、すぐにギリシャワインなど良質のワインを少し飲んでください。ペストを防ぐ素晴らしい効果があるそうです」と

Tony Baggett Getty Images

異端審問中のガリレオを訪問する詩人のミルトン（John Milton）。

アドバイスしている。

もうひとつの薬も同じように摂取するのだが、少し苦いとマリア・チェレステは注意している。彼女は父親に、いずれかの薬を続けることを望むなら調合を改善して飲みやすくしますと約束している。マリア・チェレステは愛する父を支え元気づけるために、修道院の壁の向こうから薬と精神的な支援を送り続けた。ガリレオのペストと異端審問の年月は、距離を隔てた世代間ケアの物語でもあった。

ガリレオがローマから戻る旅の間、マリア・チェレステをはじめとする家族は父親の名声が傷つけられたことを懸念しつつ、定期的に手紙を書き送って近隣のペストの状況を知らせている。流行にまつわるうわさ話や地元で新たに感染した人数、回復した人や亡くなった人についての話などがつづられている。家族はガリレオが拘禁生活に向けて帰ってくる旅路を追いながら、ペスト流行の進展を追った。私たちも愛する家族と分かれた暮らしに直面している現在、ガリレオの献身的な家族がその激動期に遠くから彼を支えた方法を思い起こすべきだろう。

ペストに見舞われたガリレオの年月は、困難に満ちた世界における科学の取り組みの実相を描き出している。政治的・宗教的な教義と対立する科学的な新発見を表現することの困難。10年近い分離や禁固のなかで国際的な科学研究プログラムを続けることの困難。そしてもちろん、疫病の流行で大打撃を受けた一時代に生きることの困難。

今回のコロナウイルス感染症パンデミックにあたって科学の取り組みをどのように続けるか皆が苦闘している現在、私はガリレオをペスト期の科学者の模範とすることを提唱したい。家族や友人との関係に支えられ、乾燥果実と蜂蜜のなめ薬に力づけられたガリレオの生き方は、感染症の流行期に科学研究を遂行することが一筋縄ではなかったこと、しかしそれでも屈せずにやり通すことが重要であることを私たちに教えている。

（編集部 訳）

ユルバン・ルベリエ

盗まれた名声　海王星発見秘話

ともに科学史家
ウイリアム・シーン
ニコラス・コラーストーム
クレイグ・ワフ

「この星は星図に載っていない！」

学生のダレスト（Heinrich Louis d'Arrest）が叫んだ。1846年9月23日の夜、ベルリン天文台のドームに響いたその声は、以来ずっと天文学界に反響し続けている。

ダレストは星図をテーブルに広げ、ベルリン天文台の天文学者ガレ（Johann Gottfried Galle）を手伝っていた。その時ガレが行っていたのは、フランス人理論天文学者ベリエ（Urbain Jean Joseph Le Verrier）による驚くべき予測の検証だ。

当時、太陽からもっとも遠い惑星とされていたのは天王星だった。それが計算上の軌道を外れるのは、未知の惑星の重力が原因に違いないと、ルベリエは予測していた。「私が論証してきたように……天王星の観測結果を説明するには、これまで知られることがなかった新たな惑星の動きを組み込むしかありません。さらに注目すべきは、天王星の軌道を乱すこの惑星は、黄道上のただ1点にのみ位置しうるという点です」。ルベリエがガレに宛ててこのような手紙を書いたのは、ほんの5日前のことだった。

観測を開始して30分もたたないうちに、ガレはルベリエが示した方角に青い小さな点を見いだした。そして翌晩、改めて観測を行うと、この点はわずかに位置を変えていた。これはこの天体が恒星ではない証拠だ。ガレはすぐにルベリエに返事を書いた。「あなたが予測した惑星は実在しました」。ルベリエはその惑星を海王星と名付けた。

つくられた〝発見物語〟

このエピソードは理論計算と望遠鏡観測という2つのアプローチで惑星の探索が行われた例としてよく知られていて、天文学の歴史で触れられることも多い。また海王星の発見をめぐる論争も有名だ。その発端となったのは、ガレが惑星の発見を発表した直後に明らかとなった事実だった。若き無名の英国人理論天文学者アダムズ（John Couch Adams）が、たった一人で同じ問題に取り組み、ルベリエよりも先に、彼とほぼ同じ結果を導き出していたというのだ。

フランスの天文学者たちは、アダムズの主張を懐疑的に受け止めた。だが、１８４６年11月3日、英国王立天文台長のエアリー（George Biddell Airy）が王立天文学協会（ＲＡＳ）の会合で、ある証言を行う。１８４５年秋に確かにアダムズから惑星の位置を予測した計算結果を受け取り、翌年夏、惑星探索をひそかに進めるよう指示したと認めたのだ。この証言は正式に文書化され、アダムズの主張を支持する決定的な証拠となる。これによりアダムズとルベリエは等しく海王星の発見に貢献したということになった。

海王星発見に関するこの有名なエピソードはさまざまに形を変えて語られてきたが、そのほとんどはエアリーの証言を適当につなぎあわせたものにすぎない。そして、登場人物のルベリエやアダムズ、エアリーやチャリス（James Challis、ケンブリッジ大学の天文学者で、英国側の調査を指揮した人物）は次第に類型化されていった。アダムズは内気で謙虚な英雄的人物とされ、王立天文学協会の機関誌では決まって、英国の「最も偉大な数理天文学者─ただしニュートンは別格だが」などと称えられるようになった。それに加え、アダムズとルベリエは国家間の対立を超えて生涯の友となったとも語られた。

一方のチャリスはといえば調査を怠った怠惰な人物とされ、エアリーにいたっては典型的な官僚主義者とされた。１９７６年、作家のアシモフ（Isaac Asimov）はエアリーを「嫉妬深いうえに思い上がった狭量な人物。小国の専制君主気取りでグリニッジ天文台を取り仕切り、小事に目を奪われてばかりで全体を見通すことができない。アダムズが頼みにしようとしていたのは、こんなたち

真の発見者は？　従来、フランスの理論天文学者ルベリエと英国の理論天文学者アダムズは海王星の発見者として等しく称賛を受けてきた。しかし20世紀半ば、アダムズの功績を疑問視する科学史家が増え始めたころ、重大なカギを握る文書が英国の書庫から紛失し、1998年にようやくチリで見つかった。さらに2004年の夏、本稿の著者らは別の重要な文書を発見した。アダムズは確かに意義深い計算を行ったが、海王星の発見に関しては何の功績も果たしていないというのが著者らの結論だ。

の悪い人物だったのだ」とまでこきおろした。

だが、一部の科学史家は、長い間、こうした通説を疑問視してきた。その一人が英国の天文学者スマート（William M. Smart）だ。アダムズが遺した科学論文の収集を受け継いでいた彼がこうした疑問を抱いたのは、今から半世紀も前のことだった。１９８０年代末には、英オックスフォード大学のチャップマン（Allan Chapman）と、当時ジョンズ・ホプキンズ大学にいたスミス（Robert W. Smith）が、海王星の発見に関する別の文書の存在を突き止めた。

一方で、１９６０年代末以来、ひときわ詳しい調査を行ってきたのが、米国のボルチモアを拠点に活動する科学史家ローリンズ（Dennis Rawlins）だ。彼は、19世紀の英国の天文学者たちがこの問題に関する書類一式を故意にでっちあげたのではないか、あるいは少なくとも書類に何らかの改ざんを加えたのではないかと主張してきた。

エアリーが彼の証言で引用した文書を実際に調べることができたら、こうした疑いはとうに晴れていたかもしれない。１９６０年代半ばから、科学史家たちは王立グリニッジ天文台に対して問題の資料の公開を求めるようになった。しかし、司書たちの回答は一貫して、資料は「所在不明」というものだった。文書の行方は海王星発見のいきさつと同様、謎となってしまったのだ。海王星発見は天文学史上に燦然と輝く偉業だが、関連文書はなぜ忽然と消えてしまったのだろうか。

ローリンズとグリニッジ天文台の司書たちが共に疑っていた人物がいる。１９６０年代初頭に天文台長の主任助手を務めていた天文学者のエッゲン（Olin J. Eggen）だ。エッゲンがエアリーとチャリスの生涯に関する記事を執筆するために書庫から持ち出したのを最後に、問題の文書は行方知れずになってしまった。その後、彼はオーストラリアへ、次いでチリへと渡った。エッゲン自身は書類の保有を否定し、司書たちは彼を強く問い詰めることができなかった。実際にエッゲンの手元に文書があるとすれば、エッゲンが証拠の隠滅をもくろみ、文書を破棄してしまうのではないかと恐れたからだ。

最後に文書が確認されてから実に30年以上が経過した１９９８年、ついに謎が解き明かされた。

10月2日、エッゲン死去。行方の知れなかった文書はチリ天文学研究所のエッゲンの居室にあった。彼の持ち物を整理していた同僚たちによって発見されたのだ（同時に、グリニッジ天文台の書庫に所蔵されていた極めて貴重な書籍類も見つかった）。重さ100キログラムを超える資料の山は、2つの大きな茶箱に詰められてケンブリッジ大学の書庫に返還され、今もそこに収蔵されている（職員たちはすぐに控えのコピーを作成した）。

幸いにして文書が戻り、さらに別の保管文書の中から関連文書が見つかったことで、私たちは海王星の発見を新しい見地から検討し直すことができたのだ。

19世紀の〝ダークマター問題〟

水星、金星、火星、木星、土星――肉眼で簡単に確認できるこれら5つの惑星は、その存在を太古の昔から知られてきた。そして、望遠鏡による観測で最初に発見された惑星が天王星だった。1781年3月13日の夜、オルガン奏者でアマチュアの天体観測家でもあったドイツ生まれの英国人ハーシェル（William Herschel）は、彼自身が言うところの「天界の観察」をしていた。口径6インチの手製の反射望遠鏡を夜空に向け、系統的に掃天観測を行っていたのだ。彼はすぐに、黄緑色の小さな点がふたご座の中に入り込んでいるのに気が付き、おそらく彗星だろうと考えた。

だが、その後の観測や他の天文学者の計算によれば、ハーシェルが見つけ出した天体は長楕円軌道を描く彗星ではなかった。それはれっきとした惑星で、ほぼ円に近い安定した軌道を描きながら太陽の周りをめぐっていた。太陽からの距離は土星と太陽の距離の2倍程度だった。

太陽系には、これまで想像さえできなかったまったく新しい天体が存在するかもしれない。そんな考えのとりこになった天文学者たちは、それまでに観測された星のリストを片っ端から調べ始めた。そしてこの惑星が実際には1781年以前に20回も観測されていたことを突き止めた。観測記

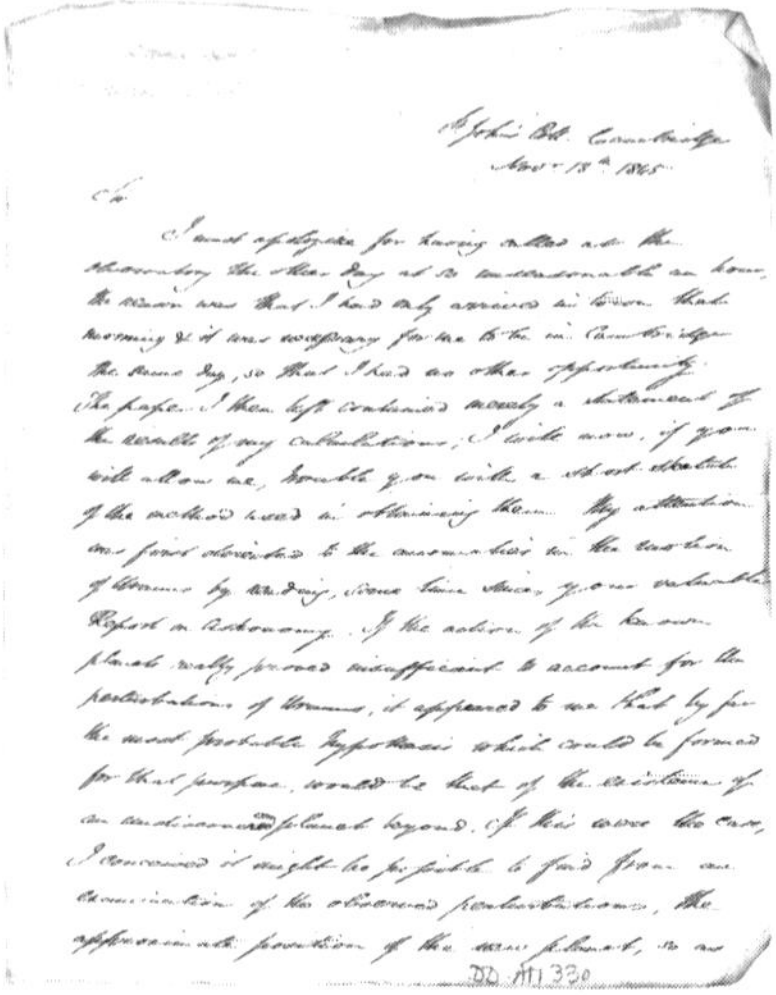

St John's Coll. Cambridge
Nov 13th 1845

Sir,

I must apologize for having called at the Observatory the other day at so unseasonable an hour, the reason was that I had only arrived in town that morning & it was necessary for me to be in Cambridge the same day, so that I had no other opportunity. The paper I then left contained merely a statement of the results of my calculations; I will now, if you will allow me, trouble you with a short sketch of the method used in obtaining them. My attention was first directed to the anomalies in the motion of Uranus by reading, some time since, your valuable Report on Astronomy. If the action of the known planets really proved insufficient to account for the perturbations of Uranus, it appeared to me that by far the most probable hypothesis which could be formed for that purpose, would be that of the existence of an undiscovered planet beyond. If this were the case, I conceived it might be possible to find from an examination of the observed perturbations, the approximate position of the new planet, so as

CORNWALL RECORD OFFICE

アダムズの未完の手紙

アダムズがエアリーに宛てて書き始めたものの未完に終わった手紙。コーンウォールの資料の中から新たに発見された。アダムズはなぜ、より詳しい情報を求めるエアリーに応えなかったのか。この手紙が謎を解くカギになりそうだ。アダムズがエアリーに応えていれば、英国はフランスとドイツの努力が実を結ぶ前に単独で海王星を発見できたかもしれない。その後のアダムズの発言とは矛盾するが、この手紙を見れば、アダムズがエアリーの問いかけを重要視していたのは明らかだ。手紙を書き上げることができなかったのは、彼の関心がもっと優先すべきと考えた事柄に移っていたために違いない。

スキャンダルを暴いた文書

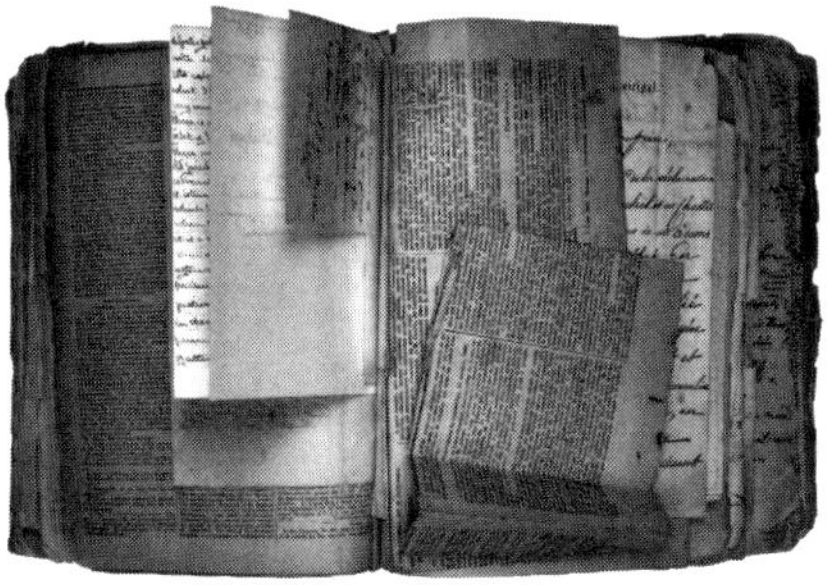

1998年、長い間行方がわからなかった海王星発見に関する資料が姿を現した。天文学者のエッゲンが王立グリニッジ天文台の書庫から持ち出し、30年もの間隠し持っていたのだが、動機は明らかになっていない。エッゲンの死後、資料は彼の所持品の中から発見された（左および下の写真）。当時の天文学者たちは、どのように海王星発見に関する筋書きを書き上げていったのだろうか。この文書の登場で新たな視界が開かれた。

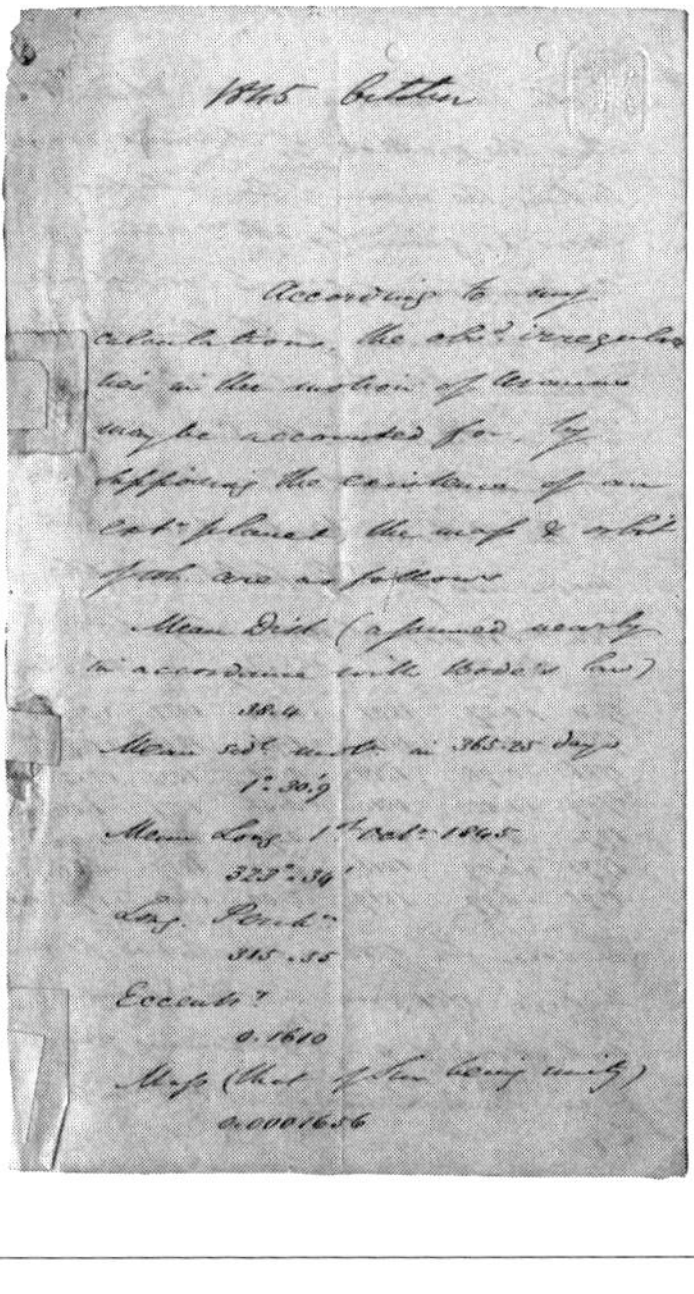

1845 October

According to my calculations, the obs^d irregularities in the motion of Uranus may be accounted for, by supposing the existence of an ext^r planet, the mass & orbit of which are as follows

Mean Dist. (assumed nearly in accordance with Bode's law)
38.4
Mean Sid^l motion in 365.25 days
1°.30.9
Mean Long. 1st Oct. 1845
323°.34'
Long. Perih^n
315.55
Eccent^y
0.1610
Mass (that of Sun being unity)
0.0001656

エアリー宛のアダムズの手紙

1845年10月、天文学者アダムズが王立天文台長エアリー宅の郵便受けに残していった手紙。アダムズが初めて海王星の存在と位置を予測したことを裏付ける証拠として長い間引証されてきたものだ。しかし、資料の中から出てきたこの紙切れは期待はずれの代物だった。計算の結果が書かれているだけで、その詳細についてはまったく触れていないからだ。

録の中には１６９０年のものまで含まれていたが、誤って恒星と認識されていたのだ。この惑星はドイツの天文学者ボーデ（Johann Elert Bode）によって天王星と名付けられた。

しかし１８２１年、天王星に関するあらゆる観測結果をまとめていたフランスの天文学者ブバール（Alexis Bouvard）は大きな問題に直面することになる。木星や土星のような巨大惑星が及ぼす重力の影響を考慮しても、天王星の観測データはニュートンの運動法則や重力法則に矛盾してしまうのだ。法則の方に欠陥があるのか？　宇宙は惑星の運行を妨げる物質で満たされているのか？あるいは未知の天体が天王星に影響を及ぼしているのだろうか？　今日の天文学者がダークマター（暗黒物質）の問題に頭を抱えているように、19世紀の天文学者も、彼らのダークマターに悩まされていたのだ。

ドイツの偉大な天文学者ベッセル（Friedrich Wilhelm Bessel）もこの問題の解明を試みたが、道半ばで他界。初めて研究結果をまとめ、１８４６年６月１日発行のフランス科学アカデミー誌で発表したのがルベリエだった。１８４７年１月１日、平均黄経３２５度の地点に天王星の外側をめぐる惑星が見られるはずだと彼は予測した。平均黄経とは、天球上の一点に仮想の視点をおき、そこから見下ろした太陽系内で、天体が占める位置を表す角度だ（左ページの図を参照）。

当のアカデミー誌が英国に届いたのは６月末。それを読んだエアリーはすぐさま、前年の秋に自分が同様の結果を目にしていたことに気付く。ケンブリッジ大学セント・ジョンズ・カレッジの特

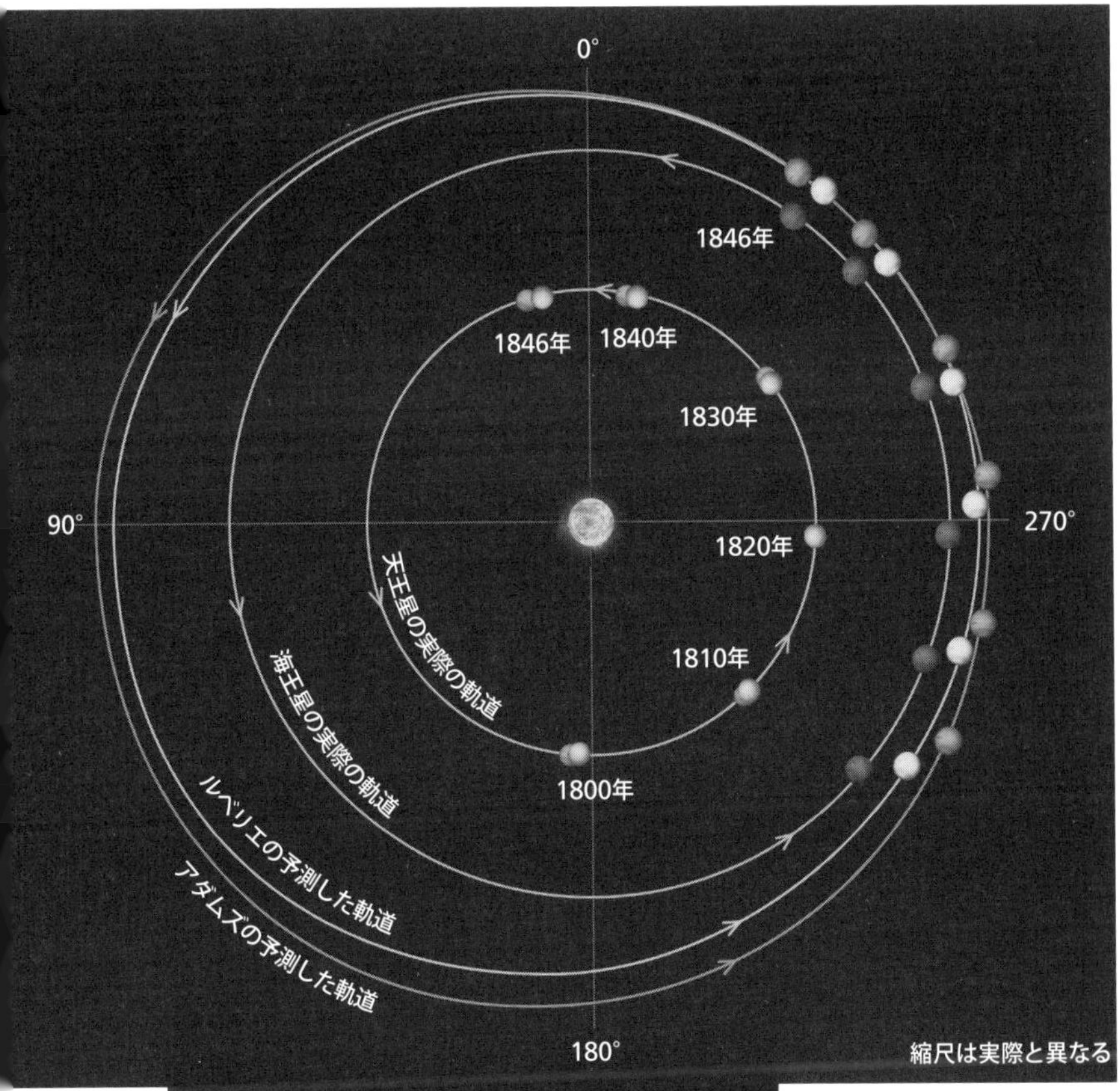

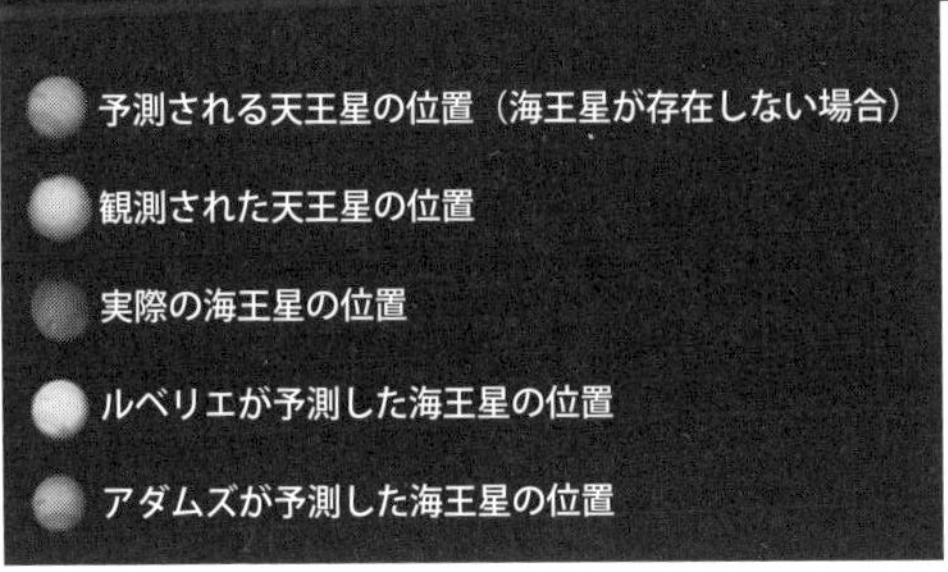

JOHNNY JOHNSON

海王星の軌道を予測

天王星の軌道運動は変則的で、その速度は予測より速いこともあれば遅いこともあった。アダムズとルベリエはこうした食い違いにもとづき、それぞれ単独で未知の惑星（後の海王星）の位置を算出した。

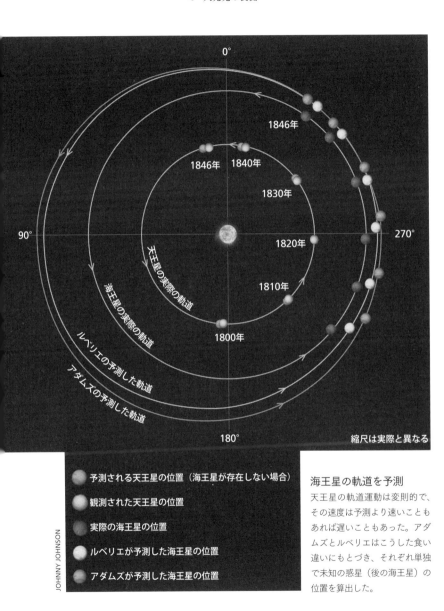

別研究員が1片の紙切れに書き散らしたその計算結果は、まだエアリーの家に残っていた。

天を仰ぐ男

その研究員がアダムズだった。彼とニュートン（Isaac Newton）の生涯にはいくつか似通った点が見られる。まず、英国の田舎で育ったこと。ニュートンはリンカーンシャー州の無学な自作農民の息子で、アダムズはコーンウォール州の小作農民の家に生まれた。次に、早くから数学的秩序や自然現象に関心を持っていたこと。そして、窓枠や壁に釘を打ち付けたり刻みを入れたりして、太陽の周期的な動きを記録していたこと。

2人はよく似た性癖の持ち主でもあった。まじめで気難しく、こと信仰に関しては病的なほど潔癖だった。当時の人々は、彼らのことをいつもぼんやりと幻想にふけっている変人と考えていた。今日ならば、比較的高い知能を持つ自閉症であるアスペルガー症候群とみなされたかもしれない。

1819年6月5日生まれのアダムズは、10歳になるころにはすでに並外れた数学的能力を発揮していた。アダムズ家とつきあいのあった人物は、彼を「天才」だといい、アダムズの父親に「私の息子だったら、かぶっている帽子まで売ってでも、大学に行かせてやるのに」と言ったほどだ。アダムズは天文学や数学の本を手当たり次第に読みつくし、まだ10代だというのに、日食の時刻を算出した。電卓もコンピューターもない時代にこんな計算を行うのは並大抵のことではない。

家の近くにあった古いケルト十字架に寄りかかって夜空を観察していたという話も残っているが、視力の悪かった彼はけっきょく観測天文学の道をあきらめざるをえなかった。ところが、そんな彼に思いがけない幸運がもたらされる。製鋼に使うマンガン団塊がアダムズ家の土地から見つかったのだ。貧しい暮らしから一転、アダムズの前にケンブリッジへの道が開けた。

1839年、ケンブリッジ大学へと進んだアダムズが、その豊かな学識で他に抜きん出るのに、まったく時間はかからなかった。学友だったキャンベル氏はこう振り返った。「絶望した。大きな希望を抱いてケンブリッジへ行ったのに、そこで最初に会った男は、自分よりもはるかに優れていたのだから」。

アダムズは大学が設けた数学に関する賞を総なめにした。しかし、その点を除けば、いるかいないかわからないような目立たない存在で、まるで亡霊のようだったという。別の学友はこう振り返った。「そそくさと歩く小男で、色のあせた深緑のコートを着ていた」。下宿先の女主人は「本も論文も持たずに、ソファに横になっているのを見かけることがあった。……話しかけるときには、そばに行って肩に触るしかなかった。呼んでも無駄だったから」と語った。

1841年7月、学部課程の半ばにさしかかったころ、ケンブリッジの本屋をぶらついていたアダムズは、エアリーの『天文学の発展に関する報告』に目をとめる。1832年に発表したこの論文で、エアリーは天王星の動きが理論計算で予測された軌道とどんどんずれていることに言及していた。これを読んだアダムズは日記にこう記している。

「研究の構想がまとまった。学位を取得したら、できるだけ早く取り掛かること。説明がつかない天王星の運行の変則性は、天王星の外側をめぐる未知の惑星の動きに起因しているのではないか」。

アダムズの手紙の謎

その後5年間のアダムズにとっては、天王星の運行の問題は趣味のようなものだったらしい。それは彼にとって差し迫った問題ではなかったようで、研究はなかなか進まなかった。1843年に大学を卒業すると、アダムズはチャリスを通じて、天王星に関する観測データを手に入れた。チャリスの観測所はセント・ジョンズ・カレッジから1〜2キロメートルほどのところにあった。アダムズはカレッジで指導教員の仕事を忙しくこなす一方、休暇にはコーンウォールで計算に取り組んだ。これは面倒な仕事だったが、彼はこうした作業にじっくり取り組むのが好きだった。

未知の惑星の平均距離を表す近似値としてアダムズが最初に仮定したのは、太陽と天王星の距離の2倍に相当する38天文単位（1天文単位は太陽と地球の平均距離、約1・5億キロメートル）で、これはボーデの法則から予想される数値だった。ボーデの法則は経験的に導かれた関係で、理論的な証明はされていないが、当時知られていた惑星についてはすべてこの法則が当てはまっていた。
アダムズは仮想の惑星の軌道を示す軌道要素にさまざまな数値を入れ、計算を繰り返すことで、観測された天王星の位置と予測値とのずれを縮めようと試みた。彼が行ったように近似計算を繰り返して誤差を取り除く手法は摂動論と呼ばれるようになり、後の数理物理学になくてはならないものとなった。

1845年9月中旬、アダムズは夏の間に行った研究の成果をチャリスに報告した。どのように？アダムズの資料の中から見つかった1片の紙切れがその証拠だという見方が有力だ。これには「新しい惑星」が取り上げられており、チャリスの筆跡で「1845年9月受領」という書き込みがされている。

ところがこの推測には実のところあまり信憑性がない。特に注目すべきは、当時まだ一般的ではなかった「新しい惑星」という表現が使われていることだ。つまり、アダムズがチャリスに対して文書で報告を行ったという話は実に怪しいのだ。仮に文書が使われたとしても、どこかに紛れて残っていない可能性のほうが大きいだろう。

彼らが具体的なやり取りをしていなかったとすれば、チャリスが夜空を探し回る気にならなかったとしても、まったく驚くには及ばない。チャリスは摂動論には懐疑的で、それを使って十分な精度で惑星の位置を予測できるとは考えていなかったし、後には次のように釈明している。「苦労するのは確実だが、うまくいくかどうかははなはだ疑わしいと思われた」。だがチャリスは、アダムズが何らかの計算を行ったということを、確かにエアリーに報告しているのだ。

アダムズは休暇を過ごしたコーンウォールからケンブリッジへと戻る道すがら、エアリーを訪ねることにした。1845年10月21日、彼は2度、グリニッジ・ヒルにあるエアリー宅に立ち寄っている。だが、英国で最も多忙な官僚の1人であるエアリーに、約束もなく会えるはずがない。結局、2人が顔を合わせることはなかった。

後に、エアリー家の執事は主人にアダムズの名刺を手渡さなかったことを責められることになる。だが、最近になってエアリー夫人の手紙が発見され、気の毒な執事の容疑は晴らされた。手紙の中で夫人は、名刺は確かに受け取ったが、その時夫は外出していたのだと振り返っている。

アダムズはエアリーに1枚の紙切れを残していった。これが、英国が海王星の発見を主張する決定的な根拠となった文書だ（181ページの写真を参照）。この簡潔な手紙には、仮想の惑星が描く軌道要素が書かれている。軌道は完全な円からはかなり外れていて、1845年10月1日には平均黄経323度34分に位置すると予測されていた。その日実際にその地点の観測が行われたなら、約2度離れた位置に海王星を発見することができただろう。アダムズの計算は、後にルベリエが行った予測と同等の精度だった。

天王星がこれまでに見せた変則的な動きは、自分の理論で説明できる。それを証明するために、アダムズは1秒角程度の誤差を数列にわたって書き込んでいた。しかし、それ以外に彼の理論や計算のもととなった情報は何も書かれていない。さらに、アダムズが求めた平均軌道要素にもとづいて望遠鏡観測を行うには、それをいったん天空上の位置に換算し直さなければならなかった。後にエアリーは問題の文書を公開したが、それには手が加えられ、もともと書かれていた重要な表現が削除されていた。この修正は明らかにこの欠点を隠そうとしたものだった。

不可解な沈黙

この文書の重要性を認識していなかったために、後にこっぴどく非難されることになるエアリーだが、実はことの経過を確認するために、アダムズに宛てて次のような手紙を書いていた。

「数日前、研究の成果を届けてくれたこと、たいへん喜ばしく思っています。君が軌道要素の想定値を書いてくれた、ある惑星によって、天王星の軌道に摂動（黄経の誤差）が生じているとのこと。……君が予測したこれらの摂動で、（同様に）天王星の動径（太陽からの距離）を説明できるのか、ぜひお聞きしたいのですが……」。

この手紙の中でエアリーは、黄経だけでなく、天王星と太陽との距離にも予測値とのずれがあるという事実をほのめかしている。実際の天王星の位置は予測値よりもわずかに太陽から遠かったのだ。これは、エアリー自身が１８３０年代に徹底的に観測を繰り返したうえで出した結論だった。この問いかけにアダムズが応じていれば、エアリーは惑星の探索を開始し、英国は単独で海王星を発見できたかもしれない。しかし、アダムズの応答はなかった。なぜだろうか。

アダムズが直接この重要な問いに答えることは、ついになかった。晩年、彼はエアリーの問いは「取るに足らない」もので返事をする必要などないと思っていたと語っている。しかし、海王星が発見された後、自らの計算を要約した論文の中でアダムズは動径の誤差が「かなり大きくなる場合もあった」と認めている。

１８４６年12月、ケンブリッジ大学の地質学者、セジウィック（Adam Sedgwick）はアダムズに、この件に関して君が口を開かないのは、エアリーと直接話ができないことに苛立っているからなのか、と尋ねた。すると、アダムズはそれを否定し、自分にはぐずぐずと先延ばしにするくせがあり、ものを書くのも嫌いだからだと語った。

しかし、実際には、彼はエアリーに対する手紙の下書きを始めていた。これは、私たちが２００４年になって、コーンウォールのアダムズ家が保有する資料の山の中からようやく見つけた文書からわかったことだ。この下書きには１８４５年11月13日の日付があり、アダムズは自分が用いた計算手法を説明するつもりがあることや、それ以前に彼が行った研究の簡単な経緯などが書かれていたが、２ページでぷっつりと途切れている。

同時期に書かれた別の2つの論文には、天王星の変則的な動径を記述する式が書かれているが、実際の計算は試みられていない。このことから、アダムズにはエアリーの問いかけが重要なものだという認識はあったが、何らかの理由でそれに回答できなかったと考えられる。

海王星が発見された後、アダムズがエアリーに宛てた手紙には、カレッジの天文台にある望遠鏡を使って、彼自身の手で未知の惑星を探索しようとも考えたと書かれている。しかし、自分の計算手法をチャリスやエアリーに説明しなかったので、彼らが至急調査する必要があると納得はしなかっただろうとアダムズも暗に認めていた。「自分の計算には自信がありました。しかし、すでに重要な仕事で手いっぱいの経験豊かな天文学者たちが私の研究結果を信頼してくれるなどと、どうして期待できたでしょうか」。

未知の惑星を探せ

1846年前半にアダムズが専念していたのは、彗星が2つに分裂した直後に描く軌道の計算で、彼にとってそれは未知の惑星よりも差し迫った問題だった。教員の仕事にも時間をとられ、自分の研究はほとんどできなかった（現在の大学で研究に携わる人々もこれには異論がないだろう）。これまでのところ、この時期にアダムズが天王星に関して執筆した論文は発見されていない。天王星の摂動の問題は彼の頭をかすめもしなかったのだろう。そして1846年6月末、ルベリエの論文が英国に届いた。

　エアリーがチャリスに惑星の探索を提案したのはその後のことだった。アダムズも参加し、晩夏から初秋までの惑星の予想位置が算出された。科学史家のローリンズが最初に指摘したように、こうした計算はアダムズ自身の理論によるものではなく、むしろルベリエの円軌道をもとにして行われた。

　チャリスが探索を開始したのが7月29日。彼の観測記録を見れば、彼がいかに入念な探索を行ったかがわかる。当時のベルリンアカデミーの星図にはすでに問題の領域が含まれていたが（ガレとダレストは9月末の観測にそれを利用している）、その存在を知らなかったチャリスは、観測を行いながら自ら星図を作成しなければならなかった。彼は、観測に2度かかった天体の位置を記録していった。位置を変える天体があれば、それが問題の惑星かもしれない。しかし、この作業は貴重な時間をとられるばかりで、エアリーが期待していたような広範囲の観測には不向きだった。

　9月いっぱいこつこつと作業を続けたチャリスは、3000もの星を記録した。その中に、8月4日と12日の2度にわたって観測された天体があった。実はこれが、後に海王星と確認される天体だったのだが、早い時点で位置の比較を行わなかったチャリスは発見の機会を逃してしまったのだ。

　一方、アダムズは、彼自身の計算を見直し、それを9月21日付けのエアリー宛の手紙にまとめている。もともと彼はたまたまボーデの法則を使用したにすぎず、問題の惑星が彼の想定するような円形とは程遠い軌道を描くことなどありそうにもなかった。

アダムズ自身、そのことにはとうに気が付いていたし、夏の休暇中には新たに大がかりな計算に着手し、もっと小さな円軌道が観測結果と一致することを発見した。しかし、彼はその後も式をいじくり回し、この惑星がさらに小さな軌道を持つ可能性を検討し続けた。そうすることで、当初の予測とはまったく異なる黄経が得られる可能性もあると考えていたのだ。

当時は知られていなかったことだが、この時アダムズが想定した新たな位置は、惑星と天王星の共鳴点（天体が他の天体の影響を受けやすくなる位置）により近くなっていた。この位置では天王星が及ぼす重力の影響が大きくなりすぎて、彼のとった数学的手法は成り立たない。いずれにせよ、その時にはもう彼の計算はたいして意味がなくなっていた。彼の計算が惑星を探索する人々に影響を及ぼすことはもはやなかった。

アダムズの計算に特徴的なのは、彼が問題の惑星を常に抽象的な存在とみなしていたということだ。この点は科学史もめったに注目していないが、実はアダムズの考え方そのものを反映しているのかもしれない。彼にとって未知の惑星は単なる軌道要素の集合でしかなかった。アダムズは、小道具を操る奇術師のように、数字の羅列から正しい答えを導き出そうとした。

それとは対照的に、問題の惑星が占める具体的な位置を発表したルベリエは、太陽系の外縁部に広がる氷の世界をめぐる天体を現実のものとして思い描いていた。8月の論文では大胆にも、問題の惑星は望遠鏡で観測すれば円盤状に見えるはずだとまで示唆している。この論文がようやく英国に届けられた時、それに触発されたチャリスは、彼が記録を続けていた天体の形状に以前にもまして注意を払うようになった。

9月29日、彼は「円盤を有すると思われる天体が1つ観測された」と書き留めている。しかし、その数日前、ベルリン天文台ではすでにこれと同じ天体が観測され、それが惑星であることも確認されていた。もはや、それは仮想の天体ではなかった。ガレは叫んだ。「なんてでかい星なんだ」。

性格の違いが明暗を分けた？

アダムズが、惑星の動きに摂動論を適用した先駆者として、ルベリエと並び称されるべき人物であることは間違いない。しかし、オリジナルの文書を見直した私たちは、アダムズはすぐれた計算を行ったとはいえ、当時の英国の人々が彼に対して贈った称賛は過分なものだったという結論に達した。

アダムズは自分の計算の精度と確実性に自信を持っていたかもしれない。だが、何事かが成し遂げられた後になって、自分にもできたはずだと自らを過大評価するというのは、誰にでもあること

フランス人の心情　1946年11月7日発行の*L'Illustration*誌に登場した風刺画。海王星を発見したという英国の主張は、当時のフランスでは懐疑的に受け止められた。「ルベリエ氏の研究論文から新しい惑星を発見するアダムズ氏」という説明文が添えられたこの風刺画からも、フランス人の心情が読みとれる。英国が証拠となる文書を示したことで、アダムズの容疑は晴れる。彼はルベリエの計算結果を横取りしたわけではなかった。だが、英国がアダムズを海王星の発見者として大々的にまつりあげたことも確かだ。

だ（歴史家も例外ではない）。

いずれにせよアダムズは、彼の計算結果を、同じ研究に携わる人々に対しても、世界の人々に対しても、強く伝えようとはしなかった。「発見」には興味深い問題に取り組んで何らかの計算を行うことだけでなく、誰かが何かを発見したという事実を具体的な形にして科学界に伝えていく努力も含まれている。すなわち、私的な面と公的な面とから成り立っているのだ。

内気で私欲のないアダムズが成し遂げたのは、その片方だけだった。逆に強気でとげのある性格だったルベリエは、皮肉にも有利に「発見」をすることができたが、発見の成果を宣伝するには、その性格がむしろ仇となった。英国の科学界は団結してアダムズの後ろ盾となったのに対し、ルベリエは同僚からの人望さえ得られなかった。

この話から読み取れるもう一つの事実は、「発見」が運に大きく左右されるということだ。アダムズもルベリエも実際には海王星の正確な位置を予測できていたわけではない。2人とも海王星と太陽との距離を実際よりもはるかに大きく見積もっていた。偶然タイミングが良かったために、ほぼ正確な黄経を予測できたにすぎない。科学の世界ではありがちなことだ（冥王星の発見もその一例。冥王星は海王星発見の100年近く後に発見された）。

1840年代に過熱した英仏間の競争も遠い昔となり、文書の原本を再び研究に利用できるようになった今日では、海王星の発見者として、アダムズはルベリエと並び称されるべきではないと私たちは断言できる。惑星の位置を正確に予測すること、そして、その探索の必要性を観測者に納得させること。この両方に成功した者だけが、発見者と呼ばれるにふさわしい。海王星発見の功績はルベリエだけのものだったのだ。

（翻訳協力　勅使河原まゆみ）

DNAの50年

ジェームズ・ワトソン

サイエンティフィック・アメリカン誌
ジョン・レニー

「この構造は新しい特色を備えており、生物学的に見て少なからぬ関心を抱かせるものである」。ジェームズ・ワトソン（James D. Watson）とフランシス・クリック（Francis H. C. Crick）は*Nature*誌１９５３年４月25日号に掲載された論文の中で、こう書き記した。科学界で最も有名となった、そして最も控えめな表現の１つと言えるだろう。彼らはこの論文でＤＮＡの二重らせん構造モデルを提唱し、分子生物学と遺伝学の飛躍的発展につながる突破口を開いた。

この発見から50周年を機に、サイエンティフィック・アメリカンはニューヨーク州ロングアイランドのコールド・スプリング・ハーバー研究所でワトソンにインタビューした。ワトソンは同研究所の所長を25年にわたって務めている（２００３年当時）。彼は二重らせんの発見に結びついた背景を振り返るとともに、分子生物学の現状や遺伝子をめぐる今日のさまざまな議論について語ってくれた（残念ながらクリックは健康がすぐれず、コメントは得られなかった）。以下はワトソンとのやり取りを要約・編集したものだ。

――ＤＮＡはもはや単に科学的な存在ではありません。大きな文化であり、私たちの本質を指す象徴的な意味すら持つようになりました。日常の会話や芸術にも登場します。あなたが二重らせんを研究していたころ、ＤＮＡがこのようによく知られるようになると予想していましたか？

いやいや、とんでもない。当時はＤＮＡの配列を読んだ人もいなければ、増幅・複製もできなかったからね。１９６１年か62年だったと思う。オーストラリアの有名な免疫学者バーネット（Frank Macfarlane Burnet）が医学専門誌に論文を発表したのだが、ＤＮＡと分子生物学は医学に影響を及ぼさないだろうというのだね。ＤＮＡの情報を読まない限り、それは不可能だと。ヒトゲノム計画が重要なのもこのためだ。

１９５３年時点に話を戻そう。当時私たちが目指していたのは、ＤＮＡがどのように遺伝情報を提供しているかを突き止め、細胞がタンパク質を作る仕組みを解き明かすことだった。純粋にそれだけで、遺伝子治療など考えもしなかった。そんなことが考えられるようになったのは15年ほど後、１９６８年ころだ。（ＤＮＡを切断する）制限酵素が見つかり、やがてＤＮＡの配列を調べられるようになったからね。

MIRIAM CHUA Cold Spring Harbor Laboratory

ジェームズ・ワトソン（James D. Watson、1928年生まれ）

DNA二重らせん構造の発見によりフランシス・クリック（Francis H. C. Crick、1916-2004年）とともに1962年にノーベル生理学・医学賞を受賞。この発見はそれまでの生命観を大きく変え、21世紀の生命科学への礎を築いた。

――DNAの研究に取り組むようになったきっかけは、進化と情報に興味を持ったからだそうですね。

シュレーディンガー（Ervin Schrödinger、物理学者）が「細胞中の分子が情報を伝達できるような、ある種のコード（暗号）が存在するに違いない」と書いていた。この考え方は彼が初めてではないのだろうが、私が知ったのは彼の著書（『生命とは何か』、原著は1944年刊）を通じてだった。

それ以前はというと、ホールデーン（J. B. S. Haldane、生物学者）らごく少数の人たちが遺伝子とタンパク質との間に関係がありそうだと見ていたにすぎない。当時はタンパク質がアミノ酸配列からできていることすら、まだわかっていなかった。何らかの配列はある、でもそれ以上のことは不明。ようやくおぼろげに見えてきたのは、私たちがDNAの構造を突き止め、サンガー（Frederick Sanger、化学者）が初めてポリペプチド鎖のアミノ酸配列を分析してからだ。

――そうすると、シュレーディンガーたちのアイデアに魅せられたのが動機として大きかったということですか？

私は生まれつき好奇心の強いたちでね。例えば歴史書を読むとしたら経済史の本を選ぶだろうな、説明のつく話のほうが好ましいから。もし生命について説明するとしたら、生命を支えている分子を理解する必要がある。私は精神が生命の基盤になっていると考えたことは一度もないよ。私の父親は無宗教だったが、そんな父に育てられてとても幸運だったと思う。厄介な問題に悩まずにすんだからね。母親も名ばかりのカトリックで、それ以上の信仰は持ち合わせていなかった。

——二重らせんの発見をめぐる研究競争を振り返ってみましょう。最初にだれがどのような形で二重らせんを発見することになったのか、それが発見者その人の個性によるところが大きいのは明らかです。しかし、ほぼ同時期に別の人によって同じ発見がなされるのも必然だったように思えます。あなたのほかにも、発見のごく近くに迫った人たちがたくさんいました。カリフォルニア工科大学のポーリング（Linus Pauling）がいたし、キングスカレッジのウィルキンズ（Maurice Wilkins）やフランクリン（Rosalind Franklin）もそうです。もしあなたとクリックが発見しなかったとしたら……

1年もたたずに、だれかが見つけていたに違いない。

——これまでずっと議論を呼んできた点があります。フランクリンが撮影した結晶構造の解析画像をウィルキンズがフランクリンの承諾を得ずにあなたに見せたことが、あなたとクリックがＤＮＡの構造を突き止める重要なカギになったのではないかという見方です。いまにして思えば、あなたとクリックに加えてノーベル賞を受賞するのはウィルキンズではなく、フランクリンのほうがふさわしかったのではありませんか？

そうは思わないな。ウィルキンズは私たちに結晶構造の写真をくれたが、フランクリンも別のタイプの写真を提供してくれた。だから、理想的には、ウィルキンズとフランクリンが化学賞を受賞し、クリックと私が生理学・医学賞をもらうのがよかったと言えるだろうね。私たち4人がみな名誉にあずかることになれば、それは素敵だったに違いない。でも、ノーベル賞委員会はそうは考えなかった。

私たち2人は非常に有名になったが、それはDNAがよく知られるようになったおかげだ。もし仮にロザリン（フランクリン）が1951年にフランシス（クリック）に相談して2人で彼女のデータを共有していたとしたら、彼女が構造を突き止めていただろう。そして彼女ももっと有名になっていたことだろうね。

——過去100年間を振り返ると、「メンデルの法則」の再発見に始まり、染色体が遺伝形質の担い手であることがわかり、ヒトゲノムがほぼ解読されるところまで来ました。二重らせんの発見は、この100年の歴史のちょうど中間点に位置します。DNAに関して、どれほどのことが私たちに残されているのでしょう。大きな発見の余地がまだあるのか、それとも細部を詰める作業が残っているだけなのか？

残る大きな問題は、クロマチンだろう（クロマチンはDNAとタンパク質が結びついた変化に富む物質で、染色体を作り上げている。染色質ともいう）。DNAはヒストン（タンパク質）に覆われ

ワトソン（左）とクリック。1953年。

ているが、染色体中の特定のDNAが働くかどうかを決めているのはいったい何なのか？　DNA配列以外に、何かを受け継いでいるのかもしれない。これが現在の遺伝学における実に刺激的なテーマだ。

この分野はいま、非常に速く動いている。君は推測でものを言うのを好まないみたいだが、私は今後10年でこの分野はほぼ研究し尽くされると思うよ。とても有能な人たちがたくさんいて、研究に取り組んでいるからね。研究のツールもそろっている。ある段階で、遺伝学の基本原理を遺伝子の機能に基づいて明らかにできるだろう。そうなれば、脳がどのように働くのかといった問題を、その基本原理を適用して解いていけるようになるだろう。

——もし、いま研究者人生を始めるとしたら?

遺伝子と行動の関連について研究するだろうね。行動を規定するような遺伝子を見つけられたとしても、脳がどのように働くかはわからない。私が初めて科学的な興味を持ったのは、渡り鳥がなぜ渡りをするのかということだった。鳥の脳がどのように働くのかわからない限り、鳥がどこに移動すべきかを遺伝子がどのように規定しているのかも理解したことにはならない。知っての通り、親鳥が若鳥にどこそこへ行けなどと教えているわけはないんだから。これは遺伝によって受け継がれている。

行動に関する(未解決の)大問題はほかにもたくさんある。男どうしが惚れあうなんて奇妙だと言う人がいるが、私なら「それは男が女に惚れるのとちょうど同じくらい奇妙だ」と言いたいところだよ。

これらの問題はけっこう難しい。フランシスは「脳研究にはDNA分子(に相当するもの)がない」と主張している。すべての事柄の原点となるような中心的存在が脳研究にはない、というわけだ。

——あなたは歯に衣着せずズバズバものを言うという評判で、その点で批判されることもあります

ね。自分の発言を後悔したことは？

たまにはある。ジョン・マッケンロー（テニス選手）ほどではないだろうが、彼と同様の欠点が自分にもたぶんあると思う。しかしまあ、私は会議の席でだれかがたわごとを言っているのを黙って聞いていられないだけなんだがね！

——最近では遺伝子に関連するさまざまな問題が政治の表舞台にのぼるようになってきました。遺伝子組み換え食品、クローニング、DNAによる個人識別などなどです。これらの問題を政治的に管理監督することに信頼を置けますか？

さまざまな異論もあることだし、国が介入すべきではないと思う。私自身もかかわりたくはない。（政府が）人工妊娠中絶問題に首を突っ込むべきでないのと同じだ。産むか産まないかは女性が決めるべきことで、国の決定じゃあない。

何が言いたいかというと、いま問題のクローニングのことだ。初のクローン人間は核爆弾の第1号とは意味合いが違う。だれも怪我をする心配はないだろうよ。

自分の家系に精神錯乱者がいたという理由で、生涯子どもをつくらなかった有名なフランス人科学者がいた。再び精神障害者が生まれる危険を冒したくなかったわけだ。私が強調したいのはこの点だ。クローニングを利用すれば、こうした心配がなくなるかもしれない。最も重要なのは家族の権利であって、国の権利などではないと思う。

「デザイナーベビーの問題はどうなんだ」と言う人もいるだろうが、それには「じゃあ、衣服をデザインするのは何が悪いのか？」と問い返したいな。もし「これから生まれてくる私の赤ん坊は喘息にならないですむ」と言えるようになれば、素晴らしいことじゃないか。治療目的のクローニングのどこがいけないというのかね？　だれが傷つくというのか？

もし、あらゆる草木は神が作ったもので、ある意図を持って神がそこに植えたと信じるなら、それに手を加えるべきでないといえるかもしれない。しかし、現在の米国はピルグリム・ファーザーズが移住してきた時代とは違う。私たち国民自らがすべてを変えてきた。過去を尊重しようなどとは決してせず、進歩を志向してきたのだ。物事の進歩を目指す人々をくじこうとする欲求は、いかなるものも人間精神に反すると思う。

（編集部 訳）

革新的な手法で次々と新薬を開発

ガートルード・エリオン

サイエンティフィック・アメリカン誌
マルグリート・ホロウェイ

褒賞が遅れてしまったが、エリオン（Gertrude Belle Elion）はそんなことで悩んだりしない。彼女の職歴は、実験助手に始まり、教師となり、その後クエーカー・メード社に勤務して、バニラの実の鮮度、ピクルスの酸味、そしてマヨネーズの色の検査をしていた。さらに、修士号を取得した後は、秘書養成学校に入学するところだった。結局、ニューヨーク市立大学ハンター・カレッジを卒業後、7年してから求めていた職、すなわち、化学者としての研究職に落ち着いた。

6カ月後、ジョンソン&ジョンソン社のエリオンの所属する部門は閉鎖され、縫合糸の張力を検査する新しい仕事を申し渡された。「私はその時言ったわ。『その仕事は、私のやりたいことではありません。どうもお世話になりました』とね」。赤毛のエリオンは、抑えた調子ではあるが、活きのいいブロンクスなまりで思い出を語る。「だから、再び仕事を探しに出たのよ」。

エリオンは、この後40年以上にわたる薬物の解明で見せた持ち前の粘りと忍耐力で、自分に最適の仕事を見つけた。縫合糸の張力の検査の仕事を断ってまもなく、ウェルカム研究所に入り、核酸代謝の研究を始めた。1944年のことである。彼女と、同僚のヒッチングス（George H. Hitchings）の仕事は、白血病、臓器移植の拒絶反応、マラリア、痛風、そしてヘルペスウイルスに対する新しい化合物を開発することであった。この仕事で、2人は1988年にノーベル生理学・医学賞を受賞することになる。

これらの革新的な薬物は、一つ一つゆっくりとしたテンポで発見された。「たぶん、そんなふうに、一度に少しずつ見つけていくほうがわくわくするものよ」とエリオンは言う。「だけど時間があまりにもかかってしまった。私たちがやってきたことは、今なら10年でできてしまうでしょう」。

確かに今ならば、1930年代や40年代に女性が直面した障害と戦わなくてもよかったであろう。当時、女性に開かれた研究職はほとんどなかった。エリオンはある面接試験で、紅一点の彼女のせいで男性の気が散るのではないか、とさえ言われたことがあった。「今になってみれば、自分が怒らなかったことにびっくりするけれど、当時はとてもがっかりしたものよ」とエリオンは言う。「でもどうやって、『気を散らす存在になんか、なるわけありません』と言えばいいんでしょう。男性がどんなものか、わかるわけないじゃない？」彼女は笑って、ウェルカム研究所に勤務してすぐに撮った自分自身の白黒写真を肩越しに指した。「私は決してブスではなかったもの。どちらかというとかわいいほう」。エリオンのような女性たちが、思い通りの仕事に就けたのは、

ガートルード・エリオン

（Gertrude Belle Elion、1918-1999年）

多数の新薬を世に送り出したエリオンは「自分の研究がどんなに創造的なものであろうとも、いつも実用面を考えている」と話す。祖父の死をきっかけに研究者の道を目指して半世紀、長い道のりを経てノーベル生理学・医学賞の栄誉を手にした。

男性たちが職場から第二次世界大戦へと連れて行かれた時だからこそであった。

エリオンが科学にかかわり始めたのは、大学に入った15歳の時だった。祖父をがんで亡くして、「私は、科学を研究するという人生の目的をもったと、強く感じた」と振り返る。生物学か化学かを選ばなくてはならなかった時、解剖のない学科をあえて選んだ。歯科医である彼女の父は、エリオンや彼女の兄弟たちに自分の職業を継いでもらいたかったが（誰一人として歯科医に興味をもつものはいなかった）、両親はそれでも彼女の選択を支持した。

ウェルカム研究所で彼女が研究した最初の化合物のいくつかが、運良くがんの治療に用いられた。ヒッチングスの指導の下、核酸合成が選択的に阻害されるかどうかの可能性が調べられていた。ワトソン（James Watson）とクリック（Francis Crick）は、まだ二重らせん構造を発見していなかったが、科学者たちはDNAが遺伝物質の主要な構成成分であることを知っていた。

代謝拮抗理論と呼ばれる当時の理論に従い、ヒッチングスは、核酸代謝を阻害することによって、正常細胞には何の影響も与えずに細菌や腫瘍細胞を殺すことができると考えた。これは、分裂細胞内で正常に働いている化合物をわずかに変えた類似物質を作り、細菌や腫瘍細胞にだまして取り込ませて殺すというアイデアであった。ヒッチングスとエリオンは、腫瘍細胞、細菌、ウイルスでは、核酸類似物質の代謝にわずかな違いがあることを立証することができた。これは、化学療法の核心にせまる糸口であった。

塩基は2つに分類され、そのうちの1つをプリン塩基という。エリオンはプリンを扱った最初の研究者の1人だった。エリオンたちの研究室で、細菌の特定の核酸合成を拮抗阻害する化合物、またはは、核酸合成を遮断する化合物がいくつか発見された。スローン・ケッタリングがん研究所の協力のもと、エリオンはその化合物がマウスの腫瘍細胞の増殖を阻害する効果があるかどうかを調べた。そのうちの1つのジアミノプリンが非常に効果があったので、すぐに白血病患者に試用された。

結局、ジアミノプリンは毒性があまりにも高いことがわかったが、すでにエリオンはジアミノプリンで阻害される代謝経路を調べて、プリン代謝を阻害する他のいくつかの化合物を発見していた。その1つが6－メルカプトプリン（6－MP）で、急性白血病の子供たちに試験的に投与された。6－メルカプトプリンは、合成されてからわずか2年後の1953年に、米食品医薬品局（FDA）に認可された。6－MPを投与された子供たちも、当時はわずか1年かあと少しだけ長く生き延びられたにすぎなかったが、がんの化学療法の分野では革命的な進展であった。この治療法は、今日でも用いられている。「私たちが誇りにしているのは、私たちの合成した化合物がまさに実際の医学的問題を解決したことです。しかも、その化合物は他人の物まねではないのよ」とエリオンは言う。

6－MPの成功により、エリオンは学位をもたないことを悩まなくてもよくなった。「6－MPがうまくいくまで、私の心の中で、学位はとても大きな問題だったの」と彼女は言う。その2～3年前、彼女は研究か博士号取得かを選ぶ決断を迫られていたのだった。心は痛んだが、彼女は研究室に留まることを選んだ。エリオンはくすくす笑って、膨大な量の論文の束を棚から取り出しテーブルの上に積み重ねた。「でも、おかげで学位論文のかわりにこんなに多くの論文が出せたわ」。

6-MPが白血病の治療に認可された直後、ニューイングランド医療センターのシュワルツ（Robert Schwartz）は、6-MPがウサギの抗体産生を抑制することを発見した。そこで、英国の移植外科医であるカーン（Roy Y. Calne）は、臓器移植の拒絶反応の抑制効果を動物で試してみることにした。当時、6-MPに関してこのような重要な試験はほとんどされていなかった。カーンは同僚のポーター（Kenneth Porter）と6-MPの評価試験をするつもりであった。ポーターはマウスの皮膚移植に6-MPを試用して、すぐにカーンに電話した。「あの化合物は全然効かないよ」。ところが、カーンは腎移植をしたイヌに6-MPを使った実験をちょうど終わったところであった。「それでロイ（カーン）は、『ぼくもちょうど知らせたいことがあったんだ。あれはよく効いたよ』と言ったのよ」とエリオンはちょっと誇らしげに言った。「偶然とは、恐ろしいものね」。

その後、エリオンとヒッチングスは、カーンと相談して、彼に6-MPによく似た化合物であるアザチオプリンを試用してもらうことにした。この薬剤は、サイクロスポリンに16年も先駆けて開発され、臓器移植の拒絶反応を抑制するために今日でも広く使われている。もう1つのプリン類似化合物は、痛風の治療に使われ、ずっと後になって、インドや中東に蔓延している寄生虫病であるリューシュマニア症の治療にも使われるようになった。

新しい化合物の作用機構を明らかにするたびに、エリオンはまた新たな薬物を見つけていった。つまり、彼女は、次の化合物を見つける指針として、ある1つの化合物の特性を活用していた。「たとえばある基を少し大きくする、といったように手探りで進んでいくのよ」とエリオンは言う。

エリオンや同僚たちは、自分たちが論文に書いた酵素を〝見た〟わけではなかった。実際、ほとんどの酵素はまだ同定されていなかった。それでも、X線結晶回折により酵素の構造がわかると、彼女たちが苦労して見つけた拮抗薬が本物であることが証明された。

エリオンは、自分の研究がどんなに創造的なものであろうとも、いつも実用面を考えている、と言う。事実、研究室にある漫画には、エリオンが次のように尋ねる姿が描かれている。「あなたは、情報が得られた時、それを何にどのように使いますか」。

また、彼女はしばしば元に戻って、再び何かをつかみ上げることがあった。彼女の最も大きな発見の1つは、そうした見直しの結果であった。1960年代後半、ウイルス疾患を治療できる見込みはほとんどなく、そのような研究に熱をいれる人もほとんどいなかった。しかし、エリオンにはひらめきがあった。ジアミノプリンは抗ウイルス活性をもつことがわかっていたが、毒性が高いために、研究室はがんの化学療法に熱中してかえりみなかった。1968年になって、アデニンアラビノシドと呼ばれるプリンヌクレオシドが、抗ウイルス活性をもつことがわかった。

「そのことが私の目を覚ました」とエリオンは振り返る。「アデニンでよいなら、ジアミノプリンではどうかと考えたのよ」。彼女は、ジアミノプリンを念入りに調べ、その近縁化合物を英国のウェルカム研究所に送り、動物での抗ウイルス活性を評価してもらった。「結果はいつも電報で受け取るの。彼らは興奮して返信してきたわ。『すばらしい、もう少し送ってくれないか』」。エリオンはまた興奮してそう言った。

これがさらにアシクロプリンヌクレオシドの合成へとつながった。ヘルペスウイルス感染症の治療に用いられていたアシクロビルのことである。そしてこれが、多数の類似化合物の合成の引き金となった。「みんながどんなにすばやくアシクロ核酸の製造に飛びついたか、ちょっと想像がつかないでしょうね」。

1983年に引退した後も、彼女の抗ウイルス薬研究をもとに、エリオンの研究室はエイズの治療薬であるAZTの発見につながる研究を始めた。彼女はAZTの開発に直接関与しているとしばしば信じられているが、エリオンはこのことを否定する。「私のしたことは、みんなに方法を教えただけよ。つまり、どう作用しているのか、なぜ作用しないのか、拮抗するものは何かなどを、徹底的に調べる方法を教えたの。AZTの仕事は全て彼らの仕事よ」。

1988年のその日、エリオンは朝の6時半に電話で起こされた。その電話は、彼女とヒッチングスのノーベル賞受賞を伝えるものであったが、彼女は最初いたずら電話だと勘違いした〔2人はベータ遮断薬を開発したブラック（Sir James W. Black）と賞を分かち合った〕。ノーベル賞の受賞で彼女の仕事場は大騒ぎになったが、エリオン自身は慎重であった。ノーベル賞を目指して励んできたのですか、と繰り返し尋ねられたという。「もちろんちがうわ」と彼女は断言する。「それは愚かな動機よ。私たちは、自分たちが開発した全ての薬物で、すでに褒賞を得ているわ。だけど賞を求めて研究してきたのではないわ。つまり、私が言いたいのは、もしノーベル賞を目指しながら受賞できなかったら、人生全部を無駄にしたことになるでしょう、ということよ」。

この年、エリオンはもう1つの栄誉を受けた。米国発明家殿堂でエジソン（Thomas A. Edison）やカーバー（George Washington Carver）と肩を並べる初の女性となった。この殿堂入りに彼女は驚いた。というのは、薬物を見つけだすのは、発明ではなく、発見と考えているからである。「でも、私たちは新しい化合物を発明したのだと考えましょう。それから、それが何に効くかを発見したのよ」。殿堂初の女性になったことは「最高よ」と言う。

また、1つの栄誉が遅れてきた。米科学アカデミーは、76歳である彼女がノーベル賞を受賞するまで、会員となる名誉を贈ろうとしようとはしなかった。その名誉を受けて会員となったのは、1990年のことである。

エリオンは、引退すれば研究室でより多く仕事ができると期待していたが、実際は出張や著作、講演とあまりに忙しい毎日を送っている。そんな中で、彼女は教える楽しさを再発見した。エリオンは学生たちが大学院に進む前のもっと若いときに啓発される必要があると考えている。

彼女は、8〜9歳の子供の好奇心について、とても楽しそうに語る。「子供たちは発見が好きよ。その気持ちを持続させて、発見とはどういうことなのかを具体的に理解させてやれば、きっと彼らは科学の道へ進んでいくことでしょう」。エリオンは高校生たちと会った日の話をした。「彼らと話したことで、興奮して眠れなかったわ。こんなに私を興奮させたなんて、彼らは全然わかっていないでしょうね」とエリオンは言う。「去り際に、黒人の少女が手を振りながら、『私も科学をやりたい』と言ったのよ。だから私は言ったわ、『もちろん、やりなさいよ』」。

（編集部 訳）

5

科学のパイオニア

スコット南極探検隊

科学調査の輝き

エドワード・ラーソン
ペパーダイン大学

今からちょうど100年前（本稿執筆は2011年）の1911年6月、英国の海軍大佐スコット（Robert Falcon Scott）は同胞の科学者や海軍将校、船乗りら32人の隊員とともに、南極の暗い冬に身を縮こまらせていた。太陽が地平線の上に昇らず、周囲の海が厚さ2・5メートルもの氷に閉ざされてしまう季節だ。スコットの船は、氷に覆われていない陸地では最南端に位置するロス島に接岸していた。冬の気温は零下45℃を下回り、ブリザードがしばしば吹き荒れる。当時は無線通信手段もなく、外界から完全に切り離されていた。

探検隊が待っていたのは、日照時間が延びて暖かくなる春だ。南極が春となる10月を待ち、棚氷と山地、南極高原を渡って1500キロメートル近く先にある南極点へ向けて出発する。地球の底に位置するという以外、何の興味も持たれない場所に達するために。

それまでに2つの英国探検隊が南極点到達を試みていた。1つはスコット自身が率いて1901

年から1904年にかけて遠征、もう1つはシャクルトン（Ernest Shackleton）が率いて1907年から1909年にかけて挑んだが、目的は果たせなかった。

しかし今度はスコットは自信満々だった。過去の経験を生かして入念に計画を立て、史上初の南極点到達を果たすだけでなく、意欲的な科学調査を進めるつもりだった。すでにいくつかの探査隊をロス海盆周辺域のあちこちに派遣し、化石など科学的に重要なデータを収集していた。春になったらスコット自らがチームを率いてゆっくりと南下し、初夏には南極点にユニオンジャックの旗を打ち立て、極点到達と科学的発見の両方の栄華を背に帰還する計画だった。

南極の長い冬の間、スコットは4カ月前に自分の下した重大な決断について、じっくりと時間をかけて吟味した。

事の発端は1911年2月。スコットが探査のために派遣した小隊がロス棚氷の東側にある事実上未知のエドワード7世ランドに向かう途中、別の探検隊がキャンプを張っているのに出くわした。棚氷の海側の端、ロス島からおよそ560キロメートルの地点だ。

一行はノルウェーから来た9人で、アムンゼン（Roald Amundsen）が隊長を務めていた。スキーと犬ぞりによる北極探検の達人で、カナダの北を回って大西洋と太平洋を結ぶ北西航路の踏破に1905年に初めて成功した男だ。1万9000キロメートル以上離れた北極点を目指していると考えられていたのだが、密かに目的地を南極点に変えていたのだ。スコットにはそれが、自分たち英国隊の油断につけ込む策に思えた。

アムンゼン隊は軽装備で、学術的な大望は持ち合わせていなかった。基地もすでにロス島のスコット隊よりも南極点に95キロメートル近いところにあり、そこから犬ぞりとスキーで南極点へと急ぐ計画だ。アムンゼンの登場によって、スコットが入念に考え抜いて始めた南極点への進軍は、突如として一番乗り競争になった。

この知らせはスコット隊の基地に動揺を巻き起こした。隊員の中には、科学を捨てて南極点到達競争に専念するよう提案する者もいた。科学と南極点到達のどちらか1つを選ばなければならないなら、南極点到達を取るべきだと。しかし、スコットの考えは違った。1度目の南極大陸探検で多くの地質学的、生物学的な標本を採集し、気象や磁気のデータを取得し、海洋学や雪氷学上の発見をしたスコットにとって、科学調査は今回の探検でも重要な使命だったからだ。

競争になるとは予想していなかったので、スコットはすべてを南極点一番乗りにかけるか、元の計画通り科学調査をやり遂げるか、選択を迫られた。スコットの出した答えは後者だった。彼はアムンゼンの挑戦について、「我々にとって賢明なだけでなく適切な道は、何事もなかったかのように前進し続けることだ」と日誌に記している。

スコットはアムンゼンの犬ぞりが未知の土地を何百キロメートルも高速で走り続けられるかどうか疑わしいと考えていたが、もしそれができるなら、もとより勝ち目はないだろう。歴史的に見れ

CORBIS

発見の大望　科学こそが探検の価値を決めると考えていたスコットは、アムンゼン隊との競争があったにもかかわらず、化石などの科学的証拠を求めていくつもの寄り道をしていた。彼らの最も重要な発見といえるのが、グロッソプテリスという古代の植物の化石で、ダーウィン進化論の裏付けに大きく寄与した。写真は南極ロス島沖の巨大な氷塊キャッスル・バーグの脇をそりで走り過ぎるスコット隊32人のうちの1人。

ば、スコットが科学調査を放棄しなかったのは私たちにとって幸いだったといえる。スコットの旅は重要な科学的貢献をもたらしたからだ。しかし、科学に対する真摯な姿勢を貫いたがためにスコットと隊員が払った代償はあまりにも大きかった。

科学的発見を追求

科学への傾倒は英国海軍の伝統のようなもので、スコットもつまりは海軍将校だったということだろう。1900年代初頭に行われた英国の3つの南極探検には、どれも物理学者と地質学者、生物学者が同行していた。当時はダーウィンの進化論が重要な論点の1つだったため、科学者はそのカギを握るグロッソプテリス（*Glossopteris*）という古生代の植物の化石を血眼になって探していた。

ダーウィンの進化論に批判的な人々は、この特徴的な葉の広い植物の化石がアフリカとオーストラリア、南アメリカ大陸で一見何の関連もなしに別々に産出することを指摘し、生物は神が創造したとする説を擁護した。これに対しダーウィンは、南極大陸とこれらの3大陸は元々は地続きで、そこでグロッソプテリスが進化したという仮説を立てた。元々は同じ場所で進化したものが、その後大陸が分かれたために、離れ離れとなった場所で化石が見つかるのだ、という考えだ。

スコットは最初の南極探検の際に石炭層を発見し、南極大陸にかつて植物が茂っていたことを証明していた。シャクルトンは植物の化石を見つけたが、グロッソプテリスではなかった。そこでスコットは、今回こそグロッソプテリスを見つけ出して問題を解決したいと考えていた。

スコットの計画は一行の一部が南極点に向かう途中で支援部隊として段階的に残り、最終的にはごく少人数のチーム1つが1台のそりを引いて徒歩で南極点を目指すというものだった。この方法なら安全上のゆとりが生まれ、うまくいけば途中で実地調査もできるだろうとスコットは考えていた。そしてスコットは南極大陸に滞在している間ずっと、科学的証拠の収集のみを目的とした調査隊をいくつか派遣することにした。

　こうした部隊に調査という困難な使命を放棄させ、極点到達レースに専念させることも考えられたが、スコットはそうはしなかった。自分たちが南極点へ向かう間も、様々な科学者と将校たちが基地に残って気象や磁気の記録を取り、船では水兵と科学者たちが南極海の海洋調査を行うことにした。こうした計画は、アムンゼンが現れた後も何ひとつ変わらなかった。

　最初の調査隊が基地から出発したのは１９１１年１月で、この時点ではまだアムンゼンの所在はわかっていなかった。南極大陸の山脈と氷河を調査するため、10人が2隊に分かれて出発した。大きな方の隊はアムンゼンの基地を発見した後も、別の科学調査任務を果たすべくフィールドへ戻った。ヴィクトリアランドの北部海岸沿いに露出岩頭や氷河、湾を調査するのが目的だ。このチームは計画通り１９１１年の冬を調査地で過ごし、南極点アタックには貢献できなかった。そして予定外の2度目の冬をフィールドで過ごし、１９１２年11月に基地へ戻った。持ち帰った多数の化石の中には素晴らしい木の痕跡化石もあったが、グロッソプテリスは見つからなかった。

　もう一方の少人数の隊には地質学者のテイラー（T. Griffith Taylor）とデベンハム（Frank Debenham）が加わり、１９１１年2月から3月にヴィクトリアランドの中部沿岸地域の涸れ谷と露出岩頭、巨大な氷河を探査した。このチームは１９１１年4月から10月の冬期を基地で過ごし、多数の化石（ただしグロッソプテリスはやはり見つからなかった）など発見した標本の分析に取り組んだ。

その後、テイラーとデベンハムは1911年11月初めにさらに長い調査に出かけている。スコットが極点を目指して出発した直後だ。この調査隊には、険しい地形に備えて、スコット隊の中でもノルディックスキーが最も得意なグラン（Tryggve Gran）と、そり引きに非常な力を発揮したフォード（Robert Forde）が加わった。自分の極点アタック隊ではなく、この調査隊の方にグランとフォードを指名したことからも、スコットの科学への傾倒がうかがわれる。

その甲斐はあった。テイラーとデベンハムはそれまで知られていなかった広大な地域の山々や氷河を探査することができ、一連の素晴らしい古生代の化石を見つけた（残念ながら、またしてもグロッソプテリスは見つからなかった）。

ペンギンを求めて

極点到達という目標から最もかけ離れた寄り道は、スコットが動物学者ウィルソン（Edward A. Wilson）に許したペンギンの調査だろう。今回の南極探検に参加する見返りに約束したものだ。

ウィルソンはスコットの最初の南極探検に貢献した人物だ。前回の探検で、ロス島のクロジェ岬にコウテイペンギンの営巣地があるのを見つけ、おそらく古代からの生物種と考えられるこの鳥が、

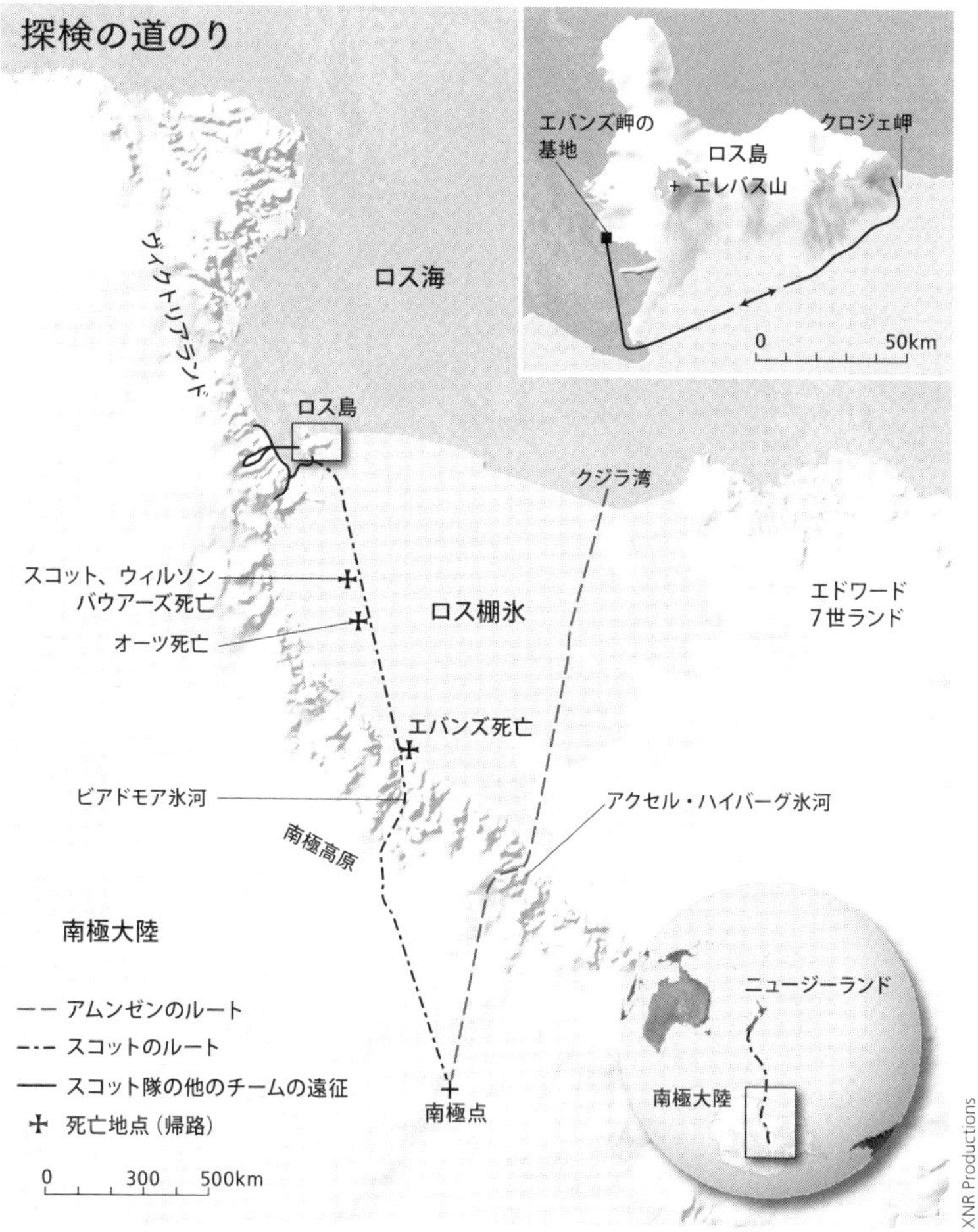

レースよりも調査を重視

スコットが南極点を目指したルート（－・－）は先に着いたアムンゼンのもの（——）とは異なる。スコットはエバンズ岬の基地を出発する前に、クロジェ岬やヴィクトリアランドなど、ロス島の内外で何カ月もかけて隊員に地質学などの調査をさせていた。スコットにとって科学はとても重要だったので、最後には命を落とすことになる南極点からの帰途にさえも、隊員のエバンズ、オーツ、バウアーズ、ウィルソンとともに15キログラムの化石と岩を採集している。

冬に産卵して卵を孵化させることを発見していた。今回スコットはウィルソンに、真冬に再び営巣地に行ってコウテイペンギンの孵化前のひな（胚）の歯が爬虫類のものに似ているかどうか調べる機会を与えると約束していた。ウィルソンは鳥類が爬虫類から進化したことを証明したいと考えていたのだ。

ウィルソンの調査隊にはスコット隊のベストメンバー2人が加わった。動物学者のチェリー＝ガラード（Apsley Cherry-Garrard）と、「鳥さん《バーディー》」の愛称で呼ばれるバウアーズ（H. R. “Birdie” Bowers）だ。このため、極点到達の計画や準備で大事なときだったにもかかわらず、これら重要メンバーが基地から離れ、南極の暗い冬のなか、未知の危険が潜むそり旅に従事する結果となった。

ウィルソン隊は1911年6月27日、ロス棚氷を横切る110キロメートルの旅に出発した。長さ約3メートルの2台のそりを結び連ね、科学調査機器と防寒具、生活必需品合わせて343キログラムを積んで、隊員がハーネスで引いた。

一行はロス島の南を回って進んだ。気温はたびたび零下60℃を下回った。極寒のため雪の表面をそりが滑りにくくなり、そりを何度も交代して引かねばならなかった。3キロ歩いて、ようやく1キロ進む有様だった。3週間にわたるひどくきつい行軍の末、ようやくクロジェ岬を見渡せる氷堆石（氷河によって運ばれて堆積した岩屑。モレーン）に達し、石の小屋を建てた。卵が中まで凍って固まる前に胚を調べられるようにする狙いだ。1台のそりを天井の梁として用い、帆布を四方の

科学調査にいそしむ隊員たち

上段左から：基地で業務と探検の日誌をつけるスコット。ヴィクトリアランドの山岳地帯の調査に出発するスコットとバウアーズ、シンプソン（George C. Simpson）、エバンズ。中段左から：休息中のコウテイペンギン。コウテイペンギンの卵を採集するためクロジェ岬へ遠征する準備を整えたバウアーズとウィルソン、チェリー＝ガラード。海洋生物標本採集用の機器を調べる生物学者ネルソン（Edward W. Nelson）。下段左から：エバンズ岬の気象観測所で観測するシンプソン。岩石の標本を研磨する地質学者デベンハム。

石壁の上に渡して広げ、隙間を雪でふさぎ、暖をとるために鯨油ストーブを置いた。

ほんの2〜3時間、昇らぬ太陽からほのかな明るさが氷上にもれるつかのまの昼間を利用して、男たちはコウテイペンギンの営巣地へ向かった。だが、巨大な氷丘とクレバスの迷路を通ってなんとかたどりついたころには、すでに黄昏時が終わりかけていた。後にチェリー＝ガラードは「科学にとって最重要な課題を証明しうる材料が、我々の手の届く範囲にあったのだが」と嘆いている。「我々はこれまで観察によって理論を事実に変えてきた。そして、あとほんの少しでそれができるところだったのだ」。隊員は6個の卵を採集し、後に再び訪ねるつもりでその場を離れ、急いで小屋へ戻った。

夜の間中、激しい嵐が吹き荒れた。小屋の帆布の屋根が疾風にあおられて上下し、ついに3日目の正午ごろ大きく裂けた。隊員は吹き寄せる雪を浴びながら寝袋にくるまり、身を縮めているしかなかった。1日たって嵐がようやく鎮まったとき、ウィルソンは営巣地へ戻ることを断念した。「クロジェ岬の天候と暗さに負けたと認めざるをえない」とウィルソンは記している。採集した卵は壊れたり凍ったりして、研究には使えない状態になっていた。

隊員は帰路で体力を消耗した。気温は再び零下60℃近くに下がり、もはや寝袋は保温の役に立たなかった。誰も夜に満足な睡眠をとれず、バウアーズとチェリー＝ガラードはそりを引いている間にうとうとしてしまうほど疲労していた。バウアーズはある地点で深いクレバスに落ちたが、そり引きのハーネスが命綱になって宙づりになり、助けられた。チェリー＝ガラードは寒さであごがガタガタ鳴り、ついには歯が欠けてしまった。

8月に基地へ戻ったときには、元は7・7キログラムだった寝袋が、雪と汗が凍りついて12キログラムにもなっていた。スコットは「天候のせいでこれほど疲れ果てた人を見たことがない」と述べている。「湿気と低温にずっとさらされていたため、顔に傷と皺ができ、目は生気を失い、手は白く、皺だらけだった」。

幸いバウアーズはすぐに回復し、再び遠征に参加している。1911年9月、スコットは南極点アタック前の最後の遠征としてバウアーズとエバンズ（Edgar Evans）を伴い、2週間かけて280キロメートルの旅をし、他のチームが道しるべとして氷河の上に立てた杭をチェックして回った。山地を行く旅は負担が重かった。零下40℃の寒さの中で重いそりを引き、しかも24時間に55キロメートル進まなければならなかった。

当時、「彼らがなぜ行くのか明確にはわからない」とデベンハムは書いている。最も妥当と思われる理由は「科学のため」だった。スコットは以前に日誌にこう書いていた。「あらゆる点で実に満足のいく状況だ。もし、この旅がうまくいけば、この探検はこれまでの極域探検で最も重要なものの1つとして位置づけられるだろう。何物も、たとえ極点に一番乗りすることでさえも、それを上回ることはない」。科学こそが探検の価値を決めるのだ。

南極点アタックへ

悪天候といくつかの付随的な遠征活動のため、スコットの南極点への出発は遅れた。1911年11月1日にようやく出発したときには、すでにアムンゼンより12日遅れていた。

スコットは出発の少し前にこう記している。「アムンゼンに成算があるかどうか、私にはわからない。私は非常に早い時期に、彼がいなかった場合に自分がすべきだったことを、まさにそのまま実行することに決めたのだ。競争に勝とうとしたら、私の計画は台無しになるに違いない」。

スコットの極点アタックはスピードよりも安全を第一に計画された。本隊がいくつかの支援部隊を伴って出発する。支援隊の1つはそりを引いて最初の棚氷を渡り、残りの支援隊は犬やポニーによってビアドモア氷河の山地まで、できれば登るところまで付き添う。これらの支援隊はそれぞれ、アタック隊の帰路に備えて食料品などの貯蔵地点を設けながら次々に引き揚げていき、最終的には本隊が1台のそりを引いて標高3000メートル近い南極高原を渡り、南極点を目指す。

だがこの方法は、最も遅い部隊に歩調を合わせる必要があるという点で厄介だった。最も遅かったのはポニーで、脚がすっぽり埋まる深くて柔らかい雪に苦しんだほか、餌として飼葉を必要とし、休むときには特別に風よけを用意してやらねばならなかった。

1912年1月3日、最後の支援隊が南極高原から引き返した。南極点に向かう本隊はスコットとウィルソン、バウアーズ、エバンズ、英国陸軍大尉オーツ（Lawrence "Titus" Oates）の5人だ。彼らの眼前には南極点まで240キロメートルにわたる広大な氷原、ごく普通の気象観測と吹きさらしの雪面の観察以上の学術調査は望めそうもない世界が広がっていた。

一方のアムンゼン隊は素早く進んでいた。犬たちは快調にそりを引き、基地出発から2カ月後の1911年12月14日に南極点に到達した。帰路はさらに速かった。雪の表面は固く、ほとんどが下り坂だった。「常に追い風を受け、太陽の光があり、暖かかった」とアムンゼンは書いている。等間隔に配置しておいた貯蔵地点を通るたびに、人にも犬にも着実に食料の割り当てが増えた。たった5週間で帰還し、アムンゼンは体重を増やしたほどだった。

スコットは1912年1月17日に南極点に達し、ノルウェーの国旗を見つけた。「ああ神よ、ここはなんとひどい所なのでしょう」と彼は記した。

死の帰路

だが、最悪の事態はその後だった。天候はひどく寒くなり、雪はまるで砂のようになった。そり引きの日誌には毎日同じ不満が記された。「引いても引いても滑らず。そり滑走部が顆粒状の雪に時として深く沈み、そりの横木がきめの粗い雪をかき分ける形となって進みにくい」。食料は残っていたが、こうしたひどい状態で進むにはカロリー不足だった。

男たちはしだいに弱っていった。エバンズは手に負った裂傷が感染症を起こし、オーツは重い凍傷に苦しんだ。診断を受けたわけではないが、全員がビタミンC欠乏による壊血病の兆候を示していた。にもかかわらず、彼らは地質調査に時間を割いていた。ビアドモア氷河を下る際に、バックリー山のふもとにある氷堆石の方に向かっている。「この氷堆石は明らかにとても興味深いので、ここでキャンプを張って地質調査を行うことに決めた」とスコットは2月8日の昼食後に書いている。「我々はビーコン砂岩の断崖の下におり、その断崖は風化が激しく、明確な炭層が見られる。ウィルソンはその鋭い目によって、そこに植物の痕跡をいくつか見つけ出した。最後の一片には葉の痕跡が見事に残っていた」。

その植物はグロッソプテリスのようだった。ウィルソンはバウアーズの助けを得て、15キログラムの化石と岩の標本を採集した。

最初に死亡したのはエバンズとオーツだった。1週間にわたって氷河を下った後、エバンズは混乱するようになり、意識を失って2月17日に他界した。オーツは凍傷が悪化し、隊に遅れずにはついていけないほどになったが、彼は自分が足手まといになるのをよしとしなかった。3月16日の吹雪の中、「ちょっと外へ出てくる。しばらくかかるかもしれない」と言ってテントを出たと伝えられる。そして二度と戻らなかった。

失意の南極点到達

南極点に到達してアムンゼンが残した旗を発見したスコットとウィルソン、エバンズ、オーツ（バウアーズが撮影）。

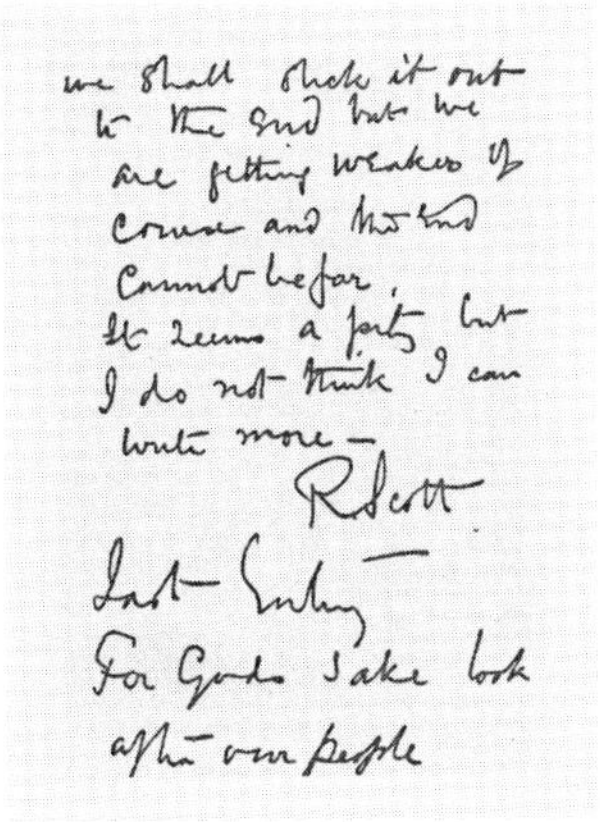

we shall stick it out
to the end but we
are getting weaker of
course and the end
cannot be far,
It seems a pity but
I do not think I can
write more —
R Scott
Last Entry —
For God's sake look
after our people

絶筆　スコットが死の直前に書いたと思われる1912年3月29日の日誌。"We shall stick it out to the end, but we are getting weaker, of course, and the end cannot be far. It seems a pity, but I do not think I can write more. R. SCOTT. For God's sake look after our people"と読める。「我々は最後まで頑張るつもりだが、当然ながら弱ってきているので、最期の時はそう遠くない。残念だが、これ以上書けそうにない。R.スコット　どうか我々の家族をよろしく頼む」

SCOTT POLAR RESEARCH INSTITUTE, UNIVERSITY OF CAMBRIDGE *(top)*; GETTY IMAGES *(bottom)*

残った3人は3月19日に最後の前進を再開した。最低限の必需品と、ウィルソンの提案によって日誌とフィールドノート、地質標本だけを持ち、あとはすべてその場に残した。生死を分ける貯蔵地点まであとわずか18キロメートルのところで、最後のキャンプを張り、ブリザードのためにそこに8日間釘付けとなった。食料と燃料が尽き、3人は身を寄せ合って世を去った。ウィルソンとバウアーズは眠っている格好で、2人の間に横たわったスコットは寝袋を半ば開き、片手をウィルソンの胸にかけていた。

翌春、捜索隊が3人の凍った遺体を日誌と標本とともに見つけた。ウィルソンが採集した化石は、まさに長らく待ち望まれていたグロッソプテリスであることが判明した。デベンハムはこう記している。「南極点アタック隊がバックリー山から持ち帰った15キログラムの標本は、かつて南極大陸とオーストララシアが地続きだったかどうかをめぐる地質学者の長年の論争に終止符を打つのに最もふさわしいものだ」。信仰にも似た情熱で真実を追い求めた亡きウィルソンが知ったら、さぞかし満足したことだろう。ダーウィンは正しかった。そしてその証明に自分が寄与したのだから。

（翻訳協力：槇原 凛）

牧野富太郎

ドラマ「らんまん」で知る植物学今昔

日経サイエンス編集部
出村政彬

協力　国立科学博物館
田中伸幸

2023年4月～9月に放送されたNHK連続テレビ小説『らんまん』は、植物学に没頭する研究者の生きざまを描く異色のストーリーが特徴だった。神木隆之介《かみきりゅうのすけ》が演じる主人公の槙野万太郎《まきのまんたろう》（238ページの写真）は、幕末の土佐・佐川の町に造り酒屋の当主として生まれた。ところが大の植物好きが高じて上京し、日本中の植物を記載した植物図鑑の完成を志すようになる。

この物語にはモデルとなった実在の人物がいる。1862年に土佐・佐川の造り酒屋に生まれ、その後日本の植物学の発展に大きく貢献した植物分類学者、牧野富太郎《まきのとみたろう》だ。

『らんまん』では現役の植物分類学者が「植物監修」を担当している。登場する植物の名前はもちろんのこと、何気ない描写や台詞に至るまで植物分類学と明治期の文献に基づく考証を尽くし、可能な限り当時の学問の状況を再現した。監修チームを率いる国立科学博物館（科博）植物研究部の田中伸幸は「『らんまん』は植物分類学のドラマだ」と話す。各場面に垣間見る植物分類学者のこだわりに着目し、『らんまん』に秘められたもう1つのドラマを紐解く。

牧野富太郎だから引き受けた

科博の田中にドラマ監修の依頼が来たのは2022年1月のことだった。半年間にわたって放送される朝ドラは、単純な放映時間だけ見ても総計30時間以上の大作になる。それを全編にわたって監修するのは、並大抵の覚悟ではできないことだ。特に、過去にドラマの監修を担当した経験がある田中には人一倍大変さがわかっていた。しかし、それでも田中は首を縦に振った。理由はただ1つ。「牧野富太郎のドラマだから」だ。

田中は、牧野のことを「日本産の植物に最も多くの学名をつけた日本人」だと話す。牧野が日本国内に生える植物につけた学名の数は約1400にのぼる[1]（254ページの註参照）。学名はラテン語で記述された世界共通の名称だ。植物に一度つけられた学名は後からその形態の再検討やDNA情報を用いた解析によって変わることも多いが、牧野の場合は今もなお、およそ300種の学名が現役の名称として使われている。[2]それはつまり、100年前の牧野の仕事が現在の植物学を根底で支え続けていることを意味する。

牧野は生涯を通じて日本の植物の姿を記録し、未報告の植物には学名をつけ、学名があっても和

高知県立牧野植物園提供

牧野富太郎　（まきの とみたろう、1862-1957年）

千葉・稲毛にて。79 歳のときの写真。1941年9月28日撮影。
子どもの頃に始めた植物採集は、90歳になっても続いたという。

新種との遭遇　NHKの朝ドラ「らんまん」の一場面。神木隆之介が演じる植物学者・槙野万太郎は、山中で新種の植物、ヤマトグサを発見する。新種の発見は昔も今も、植物学を研究する人間にとって心が躍る瞬間だ。

名のないものには和名を提唱した。北海道の利尻島から鹿児島県の屋久島まで、日本中をくまなく歩き回って植物の採集に明け暮れた。東京・練馬の牧野の家は、晩年の頃になると40万枚もの標本で溢れかえったという。

もっとも、それらの標本の中には牧野自身の手によるものではなく、日本各地から送られた標本も多かった。50代以降の牧野は日本各地で植物愛好会の立ち上げに携わるようになっており（253ページの写真）、日本各地の学校教員などが自分たちの地域で見つけた植物を標本にして牧野に送ったのだ。牧野は標本をよく検分して、発見者の名前を冠した学名をつけて発表した。

つまり、牧野は生涯を通じて2つの功績

を上げた。1つは日本産植物を分類し、多くの学名を記載したこと。もう1つは、日本各地に植物学研究のネットワークを構築したことだ。両方とも今日における日本の植物学の強固な土台になっている。

バイカオウレンを生き生きと見せる

植物学の中でも、自生する植物をつぶさに調べて違いを見極める植物分類学は、研究者が持つ観察力がものをいう。そんな植物分類学者たちならではの工夫が、『らんまん』に出てくる様々な植物で生かされている(3)。

その一例が、子ども時代の万太郎が度々訪れる地元土佐の神社の場面だ。万太郎はある日、母のヒサと共に神社の境内に咲く可憐な白い花、バイカオウレンを見つける（241ページの写真）。撮影は関東近郊で行われ、本物のバイカオウレンから型を取って作られた精巧なレプリカが使用された。ただ、レプリカを地面に置くだけでは「生えている」ようには見えない。スタッフからは「ネットで調べるとバイカオウレンの自生地は杉林で、花の周りに杉の枯れ葉が積もるようです」と提案があったが、田中はそこでふと違和感を覚えた。物語の舞台は明治時代だ。全国に杉の植林が増えたのは戦後に入ってからで、明治期であればバイカオウレンが杉林に生えることは多くなかったはず。「杉の葉を散らすのはやめましょう」。その代わり、バイカオウレンが湿った土地を好む植物であるため、周囲にコケをあしらうことにした。コケの種類にも気を配って、日本全国に分布し、高知県に自生していてもおかしくないものを選んだ。

セットが完了すると、カメラで現場を撮影しながら、不自然な箇所がないか画面で確認する作業に入る。植え方ひとつ取っても見え方は大きく変わる。花壇を作る感覚で植えると花を真上に向けたくなるものだが、自生する花は太陽の方向を向いて咲く。田中の指示で花の向きを変えると、レプリカは生き生きとしたバイカオウレンの群落へと姿を変えた（左ページの写真）。これでOKだ。

バイカオウレンのシーンは、幼少期の万太郎と母ヒサのやり取りを描く重要な場面だ。ドラマの冒頭で、万太郎は生まれつき病弱な子として描かれる。自身も重い病をわずらっていた母のヒサは、寒い冬に耐えて花を咲かせるバイカオウレンに万太郎の姿を重ねていた。

ヒサ　これね、おかぁちゃんがいちばん好きな花。冬の間ずっと、冷たい地面の下でちゃあんと根を張って、春、真っ先にこんなに白うてかわいらしい花を咲かせてくれちゅう。

ちょっと走るだけですぐ熱を出す。万太郎は、そんな自分が同い年の子たちと同じように走って遊べないことを辛く感じていた。ヒサはそんな万太郎を勇気づけようとする。

田中伸幸

バイカオウレンの再現

バイカオウレンの花はヒサが万太郎に思いを伝える大事なシーンに登場する。レプリカをただ地面に植えただけの状態（左）から、日光の向きを考慮して花の向きを調整して植え直すことで自生する群落を再現できた（右）。

ヒサ　この花は逞しい。いのちの力に満ちゆう。

万太郎　……いのちの力？

ヒサ　そう。万太郎もね。

子どもの時分に病弱だった点は、史実の牧野も同じだった。牧野は他の子らと遊ぶより、家の近くにある山々で草や木とたわむれて過ごす時間が長かったという。バイカオウレンは牧野が大好きだった花だ。牧野の故郷、土佐ではバイカオウレンは2月に花を咲かせる。真っ先に春を告げる白い花は、子どもの牧野の目にもきっと特別な存在として映っただろう。

植物と友達になりたい！――それこそが牧野の植物学の原点だったと田中はみる。「初めての相手と友達になるなら、まず名前を知ろうとしますよね」。牧野の打ち立てた学問は、世のための人のためという以前に、まず彼自身のためになくてはならないものだった。

日なたに咲く花、日陰に咲く花

劇中の万太郎は逞しく成長し、9歳になると、佐川の由緒ある学問所、名教館《めいこうかん》へ通うことになる。入学を控えたある日、かつてバイカオウレンに出会ったのと同じ神社の境内で、万太郎はらせん状にピンクの花をつける植物を見つけた。ランの仲間のネジバナだ（左ページの写真）。

この一瞬の場面のため、田中はまた一計を案じる必要があった。神社の境内はうっそうと木が茂った薄暗い場所だが、ネジバナは日のよく当たる土地に生える植物だ。ネジバナ本体はレプリカを用意してあったが、境内にレプリカを植えるだけでは不自然に見えることは必至だった。

第一の問題は、境内にヤブランが生えていることだった。ヤブランは日陰を好む植物だ。ヤブランとネジバナが同じ場所に生えるなんてまずありえない。そこで、土地の所有者の了解を取った上でヤブランを一時的に引き抜くことにした（引き抜いた個体は後で元の場所へ植え直した）。

さらに、田中はスタッフらと共にある植物を求めて神社の外に出た。日がよく当たる近所の土地に生えていたのは、日本全国どこにでも生えているオーソドックスなイネ科の雑草、メヒシバやスズメノカタビラだ。これらを採取してレプリカと混ぜて植えることで、やっと境内に「日なたにあるネジバナの茂み」を再現することができた。

自然界において、植物の生える場所は偶然決まるわけではない。それぞれの種で好む環境は異なる。野草の生える姿を再現するなら環境全体を考慮する必要がある。植物の保全活動にも関わる、大事な考え方だ。

Qwert1234 (CC BY-SA 4.0)

ネジバナ　小さなピンク色の花が、花茎の周りにらせん状に並んで咲くのが特徴。春〜秋にかけて咲く。

劇中の万太郎は、そのことを名教館の校長にあたる学頭・池田蘭光《いけだらんこう》から教わっている。

名教館で学ぶ子どもの多くは武家の子弟で、万太郎のような町人はごくわずか。武家の子らにいじめられたせいで教室に入るのをためらう万太郎に、池田は中庭の草花を用いて本草学(4)の手ほどきをする。本草学とは薬用になる植物を整理し、他の植物と見分けて正しく使うための知識体系だ。本草学を通じて、万太郎は自分の慣れ親しんできた多種多様な植物に名前があることを知り、大きな興奮を覚える。すっかり元気を取り戻した万太郎に、池田は呼びかける。

池田　草花が好きかえ？
万太郎　好きです！　いろんながおるき。
池田　なんでいろんながある？
万太郎　ワケがあるがですか？
池田　ある！　森羅万象には理由があるぞ。草花は季節ごとに生える。なんでそうしゆう？　そもそも季節とはなんじゃ？　なんで朝と夜がある？　花はなんで匂う？　実はなんで落ちる？　草花はおのおの好んだ場所に生える。ほんなら、なんで山があり川があるがか？

それは自然科学の問いそのものだ。目の前の植物がなぜその環境に生えているのか。その環境はいかに生まれたのか。目の前の1本の植物を取り巻く自然史の全てを明らかにしていく学問の楽しさと重要性を、池田は朗々と語ってみせた。(5)

名前がわかりそうでわからない

植物監修は、バイカオウレンやネジバナのように先に登場する花が決まっている場合ばかりではない。「ストーリーに合った条件の植物を見つけてほしい」というリクエストも多いと田中は話す。

池田が万太郎たち名教館の子どもらをつれて仁淀川へ出掛けた場面はその1つ。河原に生えていた植物の名前がわからない万太郎を前に、池田が豪快にもその場で葉っぱをかじって種類をあててみせるシーンだ。

脚本では植物の名前が空欄になっており、これを考えるのが田中の仕事だった。空欄に該当する植物は、葉っぱに特徴的な味や香りがあり、食べても安全で、明治期の高知県の河原に生えている、という条件を満たさなければならない。

田中が出した答えは「イヌトウキ」という植物だ。この植物はもともと本草学で知られているトウキという植物に姿がとても似ているが、葉っぱをちぎった時に出る香りがトウキほど強くない(6)。

万太郎　この葉の切れ込み具合は、トウキじゃないろうか？

池田　違うな。似て非なるもの。さしずめイヌトウキと言ったところか。

ここで、池田の台詞にある「さしずめ」の一言に田中のこだわりがある。

明治初期のこの頃、まだイヌトウキには名前がついていなかった。その一方で「イヌ」は植物の和名によく用いられており、有名な植物と似て非なるものなどにつけられることの多い接頭語のような表現だ。香りの弱いトウキということで、池田は即興でイヌトウキの名をひらめいたという設定になっている。

　おそらく、牧野もこの植物を前にして劇中の池田と同じことを考えただろう。というのも、イヌトウキの学名は *Angelica shikokiana* Makino ex Y.Yabe. であり、和名を決めたのも牧野なのだ。幼い万太郎はこのとき、将来自分が名付け親になる植物を眺めていたことになる。

「標本が足らない！」

　時が流れて、青年になった万太郎はついに東京行きの機会を手に入れる。表向きは実家の造り酒屋の酒を東京の品評会に出すという名目だが、ずっと憧れていた東京の植物学者に会うのが万太郎の目的だった。独学で植物学を学んできた地方の一青年にすぎない万太郎は、緊張しながら博物館の植物学者、野田基善《のだもとよし》のいる研究室へと足を踏み入れる。(7)

　劇中の研究室の光景には、明治初頭の日本の植物学の状況がありありと再現されている。万太郎の目にまずとまったのは、素早い手さばきで職員たちが植物標本を作製している姿だった。窓際の席に座り、乾燥させた植物標本を台紙へと貼り付けていく。この標本作製台の作りを指導したのも田中だ（249ページの写真上）。現代は便利な標本作製専用のテープがあるが、当時は細く切られた紐状の紙にその都度糊をつけてテープを作り、貼り付けていた。

困ったのは、NHKの担当者に当時の標本作製の服装はどうだったかを聞かれたことだ。劇中の博物館のモデルになったのは当時の農商務省博物館博物局という部署だが、作業風景を撮った写真はどこにも見当たらなかった。しかし調べていくうちに博物局が当時行った博覧会の写真が見つかり、その時のスタッフに和装と洋装の人物が交ざっていたことが判明。これを参考にして、和服と洋服の人を交ぜることにした。

植物標本が山積みの野田の机の上に広げられている書籍も、当時使われていた可能性が高い本を再現している（249ページの写真下）。野田の机の左端から2冊目は1753年にリンネ（Carl von Linnê）が著した「Species Plantarum（植物の種）」で、当時の日本では植物の同定のためにラテン語の書籍が現役で用いられていた。

劇中で、万太郎はそれまでに描いてきた植物画のうち、どうしても名前のわからなかった1点を野田に見せる。

野田　……見たことないな。新種かもしれん。
万太郎　……新種やったらどうなるがですか？
野田　誰かが名付け親になって、世界に発表する。
万太郎　それは——誰が？

野田　普通は最初に見つけたやつだな。ただ実際、今の日本では名付け親になれる人間はいない。日本では植物を検定しようにも、比較するための標本の数が圧倒的に足らない！

野田の言葉は明治初頭の日本の植物学が置かれていた状況を端的に表している。日本列島に生える植物の調査自体は江戸時代から進んでいた。しかしそれはシーボルト（Philipp Franz Balthasar von Siebold）や、ツンベルク（Carl Peter Thunberg）といった日本を訪れたヨーロッパの研究者によるものだ。調査で収集された標本はそのままヨーロッパに持ち帰られ、日本には残らなかった。

植物の学名は全て、その学名をつける根拠となった標本と紐付いている（この標本のことを「タイプ標本」と呼ぶ）。新種とおぼしき植物が見つかったときには、まずその植物に近そうな既存種の標本と一通り突き合わせ、詳しく見比べる。どの標本とも異なる明確な特徴があるとわかって初めて新種だという判断が下せる。だから、標本なくして植物学の研究は進まない。この時代、日本の植物学はまだ独り立ちできない状況にあった(8)。

日本の植物学の土壌を作った人びと

その頃、海外の教科書を訳すなどして日本の植物学の発展に貢献していたのが、野田のモデルに

田中伸幸

植物標本と書籍の山

研究室のセットは、映らない部分まで作り込まれている。上の写真は標本作製台。右端は当時の顕微鏡だ。ヤブデマリ（左）とタマアジサイ（右）の標本が並ぶ。下は野田の机で、本は実物ではないが当時の書物を模している。

なった小野職愨《おのもとよし》と、博物学者の田中芳男《たなかよしお》だ。田中芳男も、劇中ではいとうせいこう演じる「里中《さとなか》芳生《よしお》」として万太郎と野田が話をしているところに現れる。にょろにょろした紐状の姿をした、珍しいサボテンを持っての登場シーンだ。

脚本では見た目の面白い植物を持ってくることだけが決まっていたが、監修の田中が「ヒモサボテンにしましょう」と提案した。田中芳男はサボテン研究で有名で、史実ではフランスで行われた万国博覧会への参加後、ヒモサボテンを購入して遠路はるばる日本まで持って帰ってきたとされる。田中芳男は日本の殖産興業のために様々な海外の植物を日本へ紹介しており、今日では日常的に見かけるキャベツや白菜、オリーブなどの導入がその一例だ。ヒモサボテンもその奇抜な見た目から、園芸の用途を見込んでいただろう。

ドラマ収録の現場でもヒモサボテンは関係者から大いに受けた。「毎回サボテンを持って出てくる研究者」という里中芳生のキャラクターが決まり、毎回異なる種類のサボテンを用意することになったという。田中の植物監修は、作品の世界観を深める役割も担っている。

日本の植物は日本の研究者が究めるべき

万太郎はその後一旦は佐川に帰るものの、植物学への情熱を抑えきれず、二度目の上京を決意する。きっかけのひとつが、高知で目にしたシーボルトの『日本植物誌』だった。美しく繊細に描かれた植物画が掲載されていたが、万太郎が知るそれらの植物の別の顔――四季折々の姿までは載っていなかった。

万太郎　もっと季節ごとに描かんといかんがです。芽の出方から実の付き方まで、そうでないと植物のほんとがわからん。外国のお人には無理じゃ。

外国から来た研究者は短期間のフィールドワークだけで本国に帰らなければならないため、特定の季節の限られた場所しか調べられない。その土地の植物学を真に究めることができるのは、現地に住み続ける人だけだ。

史実において、万太郎と同じことを考えていた研究者がいる。東京大学の植物学者、矢田部《やたべ》良吉《りょうきち》だ。矢田部とその助手にあたる松村任三《まつむらじんぞう》らは、東大に標本を管理する収蔵庫「ハーバリウム」を作り、標本の整備に邁進した。ようやくハーバリウムに3000点の標本が収まった1884年、牧野が矢田部らの植物学教室を訪れる。この時牧野は22歳。矢田部らの目には、土佐からやってきた植物愛に燃える青年、牧野の姿がまさしく日本の植物学が必要としている人物として映ったに違いない。牧野は東大の正規の学生ではなかったが、特別に東大のハーバリウムへの出入りを許され、自身の植物学の研鑽に努めていくことになる。

牧野は植物学の父？

優れた功績を持つが故に、牧野は「日本植物学の父」と称されることが多い。しかし田中はその名称に疑問を持つ。田中芳男や矢田部良吉をはじめ、明治初頭の学界を築いた先人たちとの交流なくしては、植物学者・牧野富太郎の誕生はあり得なかったからだ。むしろ牧野は、そうした先人たちの耕した土壌に根を張って花を咲かせた研究者だったといえる。

牧野は25歳の時、矢田部の了解を得て日本初となる植物学の学術誌『植物学雑誌』を創刊。そこに多くの学名を記載していった。そして54歳になると、今度は一般の読者を念頭に置いた『植物研究雑誌』を創刊する。以後は科学者としての論文発表よりも、植物に関心を持つ高校の理科教員などへの知識の普及に努めるようになる(9)。

現代の日本でこれだけ多様な植物図鑑が刊行されているのは、牧野が全国各地に植物愛好家を増やしていったおかげでもある。牧野もまた、日本の植物学の土壌を豊かにした一人だったのだ。そんな牧野は、自分自身をことあるたびに「草木の精」と称していた。植物とどうしても友達になりたくて、ついそれが一生涯続いてしまった――そんな牧野の称号は、植物学の父よりもやはり「草

高知県立牧野植物園提供

東京植物同好会 登戸採集

1941年7月6日撮影。牧野は東京をはじめ、全国各地の植物同好会に講師として招かれた。この写真に写る東京植物同好会はその後「牧野植物同好会」と名前を変え、2024年現在も活動を続けている。

木の精」がしっくりくる。

牧野の精力的な調査もあって、現在までに日本列島の植物相はほとんど調べ尽くされてきた。しかしそのことが「もう植物の分類学でやるべきことは残っていない」という誤った印象を与えかねないことを田中は心配する。東南アジアには植物調査がほとんど行われていない地域があり、その地の植物を明らかにしながら、現地の研究者の育成も担えるような外国人研究者が求められている。牧野が「植物が好きだ」の一心で大きく明治期の植物学を動かしたように、圧倒的な情熱を持った研究者を今も植物学は強く待ち望んでいる。

「１００年前の日本にすごい研究者がいたということだけで終わらず、このドラマが今の植物学に多くの人の目が向くきっかけになってくれれば」と田中は話す。

註

（１）牧野が生涯のうちに名付けた学名の数は一般的に約１５００とされることが多い。ただ、国際的な命名ルールに則って名付けられたものに限れば１４００程度だ。

（２）ある地域の学名Ａという植物と、別の地域の学名Ｂという植物が後になって同じ種だとわかる場合がある。こうした場合は先に報告された名前が採用される。もう一方の学名も異名（シノニム）として記録には残るため、１つの植物種に複数の学名が対応する場合もある。

（３）監修は田中を代表とする科博や東大などの計６人のチームで行われた。チーム化したのは途中からだ。植物のセットに手間がかかることがわかるにつれて、撮影が進むごとに植物担当のスタッフがＮＨＫ内にも増えていったという。

（４）本草学は主に中国で発達してきた学問で、江戸時代の植物学といえば本草学を指した。ただ、幕末にはリンネの分類法を取り入れた宇田川榕庵《うだがわようあん》の『植学啓原《しょくがくけいげん》』や飯沼慾斎《いいぬまよくさい》の『草木図説《そうもくずせつ》』が刊行されている。江戸時代のうちから、少しずつ西洋式の植物学の浸透が始まっていた。

（５）牧野の最終学歴は小学校中退だが、これには理由がある。牧野の子ども時代は日本の学制が変化する端境期だった。名教館では劇中の池田のモデルとなった伊藤蘭林《いとうらんりん》から習字や算術を習ったほか、地理や天文、物理も学んでいた。その後小学校が設立されたものの、授業があまりに退屈で退学したという。

（6）トウキとイヌトウキはどちらもセリ科シシウド属の植物。トウキの根は漢方薬として利用される。

（7）牧野も1881年に19歳で初めて上京した。「第2回内国勧業博覧会」の見物のほか、顕微鏡や参考書の購入が目的だった。

牧野はこのとき東京の有隣堂で植物学者・伊藤圭介《いとうけいすけ》が著した標本作製を図説した『草木乾腊法《そうもくかんせきほう》』を購入している。牧野は標本作りのためにこの書を大いに活用したようだ。ちなみに劇中でも、東京から帰ってきた万太郎の部屋にこの書が置かれている様子が映っている。

（8）ちなみに日本人で初めて学名を発表したのは（7）で触れた伊藤圭介の孫、伊藤篤太郎《あつたろう》だ。1888年にメギ科のトガクシソウ属（*Ranzania* T.Ito）を記載した。発表手続きの問題で東大の矢田部（251ページ参照）と揉め、伊藤は植物学教室を出入り禁止になった。それでこの植物は「破門草」と呼ばれることがある。

（9）『植物研究雑誌』にも牧野が発表した学名があるが、国際的な学名記載のルールに従っておらず、学術的には無効となっている〔（1）も参照〕。

牧野は65歳で理学博士の学位を取得するが、それは50代までの研究に対して授けられたものだった。牧野は50代までは研究者として、その後は植物の啓蒙者として活動したことになる。

編者あとがき

アインシュタインは天才科学者のアイコンとなっている。最も一般的なイメージは、無邪気な天才というものかもしれない。アメリカ合衆国の首都ワシントンに建つアインシュタインの巨大なブロンズ像（高さ3・6メートル）は、そのイメージを反映している。像は三段の台座の上に足を投げ出すように座っており、その膝の上に人が立つことも可能である。ポトマック河畔を訪れた観光客にとっては格好の記念写真撮影スポットとなっている。

アインシュタイン像は左手で書類をつかんでおり、そこには彼が1905年に26歳で提唱した3つの有名な方程式が書き込まれている。むろん、研究者としての業績はそこで終わったわけではない。本書に収録されたアインシュタインによる晩年の寄稿は、「場の物理の基礎」に関する自身の最新論文の背景を説明している。「そもそもなぜ私たちは理論を生み出すのか？」と自問したうえで、私たちには「理解することへの情熱が存在する」からだと答えているのが印象的だ。

ホーキングは、アインシュタインに次ぐアイコンかもしれない。しかし、「その業績は？」と問われると、思わずフリーズせざるを得ない。「ホーキングの遺産」は研究者としての足跡を丹念にたどった秀逸な追悼記事である。

ワインバーグのインタビューが「日経サイエンス」に掲載されたのは、ヒッグス粒子発見の1年前のことだった。インタビュー中では「電弱統一理論に登場する対称性の破れのメカニズムには新粒子の存在が不可欠で、それがヒッグス粒子なのだ」と語っており、その後彼はヒッグス粒子の実在を確認することができた。しかし、自然界のすべての力を統一する究極理論への道は未だ遠い。

「はじめに」でも書いたが、小柴が語る思い出話は、「尊敬する先輩」2人のことよりも、自分史になっている。小柴が語っているように、科学の世界も人と人のつながりが大切なことがよくわかる。

そこで気になるのが南部の足跡である。小柴は、「わからないときは南部に聞け」を実践したものの、助言の内容を理解するには自分よりも詳しい人の「翻訳」が必要だったと述懐している。ムカジーも、「南部はあまりに先見の明があるので、人々は彼を理解できない」という証言を紹介している。そうしたことから、南部は「早すぎた予言者」とか「魔法使い」と呼ばれた。南部が87歳でノーベル賞を受賞したとき、受賞対象となった理論の発表から半世紀が経過していた。

科学技術の軍事利用について議論が続いている。科学の研究成果の史上最悪の転用は核兵器の開発だろう。広島と長崎に投下された原子爆弾開発の中心にいたオッペンハイマーは「原爆の父」と呼ばれている。青木によれば、オッペンハイマーと親交のあったイエズス会の司祭で科学史家だった柳瀬睦男は、彼のことを「憂鬱の人」と形容していたという。オッペンハイマーは良心の呵責に悩んでいたのだろうか。

原爆は水爆開発の道を開いた。冷戦下のソ連においてその中心となり「ソ連水爆の父」と呼ばれたのがサハロフだ。しかし彼は、核兵器開発競争が核戦争を惹起しかねないことに危機感を覚え、反核運動、人権擁護活動に身を投じ、1975年にノーベル平和賞を受賞した。その後、ソ連のアフガニスタン侵攻に抗議したことで栄誉剥奪と流刑の憂き目に遭ったが、ソ連共産党書記長になったゴルバチョフによって復権した。

ナイチンゲールに関する記事は、一般に流布する白衣の天使ナイチンゲールという固定化されたイメージを書き換えるものだ。彼女はクリミア戦争に従軍し傷病兵を収容する病院や兵舎の衛生状態とその管理が劣悪なことを目の当たりにし、その改革に乗り出す。そこで一計を案じ、上層部への単なる陳情ではなく、客観的なデータによる説得を試みた。しかもデータの革新的なグラフ表示を工夫した。いうなれば、時代に先駆けてインフォグラフィクスを活用し、エビデンスベースでの改革を迫ったのである。

ノーベル賞をめぐってはさまざまなドラマが演じられてきた。ウーが1957年のノーベル賞を共同受賞しなかったのは論文発表が同年の2月だったからという理由は納得しがたい気もする。リーとヤンが受賞できたのがウーの実験のおかげだったとしたら、3人の受賞を翌年まで持ち越せばよかっただけの話に聞こえるからだ。救われるのは、ウーは他に多くの栄誉に輝いたことだろう。

グドールの研究成果は衝撃的だった。チンパンジーも道具を作り使っていることを初めて確認したのだ。その発見によって人間とチンパンジーとの境界が曖昧になった。インタビューでも語っているように、これで人間も動物界の一部という認識に重みがついた。グドールの活躍は、オスがメスを選ぶといったような、それまで動物の行動観察に存在していたジェンダーバイアスを見直すきっかけにもなった。野生動物との共存はますます難しくなっている。しかし、野生動物が住めない世界は、人間にとっても幸せな世界ではないはずだ。グドールはそのメッセージを世界中に発信し続けている。

ガリレオの『天文対話』は、当時の慣例を破り、ラテン語ではなくイタリア語で出版された。山猫学会は、名門の子息フェデリコ・チェージによって1603年にローマで創設されたアカデミーで、ガリレオは1611年に会員になっていた。そのチェージはガリレオの有力な後援者だったが、出版準備中の1630年にこの世を去っていた。そこにペスト禍が襲い、『天文対話』はガリレオの居住地であるフィレンツェでの印刷を余儀なくされたのだ。異端審問で有罪判決を受けたガリレオは、フィレンツェ郊外のアルチェトリの別邸に軟禁され、そこで亡くなるまでの9年間を過ごした。

海王星の発見をめぐる先取権論争は、英仏両国の威信がかかっていたのだろう。ワトソンは、DNAの構造を解明すればノーベル賞は確実と、最初からノーベル賞を狙っていた。ロザリンド・フランクリンは、長生きすることという、ノーベル賞受賞の必要条件を満たせなかった。21世紀になり、イギリスではフランクリンを理系女性の象徴的存在とするキャンペーンが繰り広げられた。ノーベル賞を狙って研究を続けてきたわけではないというエリオンの言葉は、ある意味で清々しい。

南極の探検調査の歴史はスコット隊に始まったといってよいだろう。その後、南極ではたくさんの科学的発見がなされてきた。日本の研究施設は、世界で最多の隕石標本を保有している。その大半は、南極調査で発見されたものだ。南極の氷床の上で見つかる石は、すべからく隕石なのだ。

野外採集中に撮影された晩年の牧野富太郎の写真は、ほぼすべて笑い顔だ。植物採集が楽しくてしかたないといった風情であり、まさに「草木の精」の名にふさわしい。

本書では十人十色の科学者の流儀を紹介した。科学者の実像が幾分かでも伝わったならうれしい。いかなる天才によるいかなる大発見といえども、ニュートンのリンゴのように、きっかけは些細な疑問から始まることが多い。科学の芽は好奇心なのだ。アインシュタインにしても、ネコの宙返りを見て「はて？」と思い、相対論を思いついたともかぎらない。

2024年11月

渡辺政隆

著訳者／初出掲載誌

ホーキングの遺産

日経サイエンス2018年6月号

大栗博司（おおぐり ひろし） カリフォルニア工科大学カブリ冠教授、同大学ウォルター・バーク理論物理学研究所所長、東京大学特別教授、同大学カブリ数物連携宇宙研究機構主任研究員。アスペン物理学研究所終身名誉理事。専門は素粒子論で、主に超弦理論を研究している。

一般化された重力理論について　On the Generalized Theory of Gravitation

SCIENTIFIC AMERICAN April 1950／別冊日経サイエンス247「アインシュタイン　巨人の足跡と未解決問題」2021年

アルベルト・アインシュタイン（Albert Einstein） プリンストン高等研究所（執筆当時）。

佐々木節（ささき みさお） カブリ数物連携宇宙研究機構特任教授。元京都大学基礎物理学研究所所長。専門は宇宙物理学。

「統一理論の父」語る　Dr. Unification

SCIENTIFIC AMERICAN November 2010／日経サイエンス2011年2月号（「"統一理論の父"に聞く」を改題）

アミール・アクゼル（Amir D. Aczel） 科学史家、サイエンスライター。ボストン大学科学哲学・科学史センターの研究フェローでグッゲンハイムフェロー（執筆当時）。

南部さん、西島さんとの60年

日経サイエンス2009年5月号

小柴昌俊（こしば まさとし） 東京大学特別栄誉教授。ニュートリノ天文学におけるパイオニア的貢献で2002年にノーベル物理学賞を受賞。

素粒子物理学の予言者　Profile: Yoichiro Nambu

SCIENTIFIC AMERICAN Februaty 1995／日経サイエンス1995年4月号

マドゥスリー・ムカジー（Madhusree Mukerjee） 物理学者、ライター、ジャーナリスト。南部陽一郎の指導の下、シカゴ大学でPh.D.を取得した。

江口徹（えぐち とおる） 東京大学名誉教授。元京都大学基礎物理学研究所所長。素粒子物理学者。

オッペンハイマー　その知られざる素顔

日経サイエンス2024年5月号

青木慎一（あおき しんいち） 日本経済新聞社編集委員。物理学・ITなどの先端科学から環境問題・防災まで幅広く取材。

平和主義への“転向”　The Metamorphosis of Andrei Sakharov

SCIENTIFIC AMERICAN March 1999／日経サイエンス1999年4月号（「水爆の父サハロフ、平和主義への“転向”」を改題）

ゲンナジー・ゴレリク（Gennady Gorelik） 科学史家。ボストン大学の科学哲学・科学史センター研究員（執筆当時）。1979年にモスクワ科学アカデミーの科学技術史研究所からPh.D.を授与された。

西尾成子（にしお しげこ） 日本大学名誉教授。専門は物理学史。

小島智恵子（こじま ちえこ） 日本大学商学部教授。専門は量子力学史、フランスの原子力開発史。

データを駆使したクリミアの天使　Florence Nightingale's Data Revolution

SCIENTIFIC AMERICAN August 2022／日経サイエンス2023年2月号

RJアンドリュー（RJ Andrews） データが持つ情報を相手に伝わるように可視化するデザインスタジオInfo We Trustの創業者でプロのデータ・ストーリーテラー。

量子もつれ実験の知られざる源流　A Hidden Variable behind Entanglement

SCIENTIFIC AMERICAN April 2023／日経サイエンス2023年12月号

ミシェル・フランク（Michelle Frank） ニューヨーク市立大学大学院センターのサイエンスライター兼詩人。科学・技術・医学の歴史コンソーシアムと米国物理学協会（AIP）物理学史研究センターの会、米国物理学会、サンドッグ詩センターから支援を受けている。

筒井泉（つつい いずみ） 日本大学理工学部物理学科特任教授。高エネルギー加速器研究機構ダイヤモンドフェロー。専門は量子基礎論、素粒子論。

チンパンジーと歩んだ50年　Jane of the Jungle

SCIENTIFIC AMERICAN December 2010／日経サイエンス2011年3月号

ケイト・ウォン（Kate Wong） SCIENTIFIC AMERICANシニアエディター。

ペスト禍を生き抜いたガリレオ　Galileo's Lessons for Living through a Plague

SCIENTIFIC AMERICAN August 2020／日経サイエンス2020年11月号

ハンナ・マーカス（Hannah Marcus） ハーバード大学科学史科の助教。15～16世紀の近世ヨーロッパの科学文化を研究している。

盗まれた名声　海王星発見秘話　The Case of the Pilfered Planet

SCIENTIFIC AMERICAN December 2004／日経サイエンス2005年3月号

ウイリアム・シーン（William Sheehan）　科学史家。精神科医として勤務するかたわら、グッゲンハイムフェローや*Sky&Telescope*誌の寄稿編集者という顔も持つ。

ニコラス・コラーストーム（Nicholas Kollerstrom）　ロンドン大学ユニバーシティカレッジのポスドク研究員。天文学史協会の創立者の1人でもある。

クレイグ・ワフ（Craig B. Waff）　ライトパターソン空軍基地（オハイオ州デイトン）にある米空軍研究所の科学史家。

DNAの50年　A Conversation with James D. Watson

SCIENTIFIC AMERICAN April 2003／日経サイエンス2003年5月号

ジョン・レニー（John Rennie）　SCIENTIFIC AMERICAN 編集長（執筆当時）。

革新的な手法で次々と新薬を開発　Profile: Gertrude Belle Elion

SCIENTIFIC AMERICAN October 1991／日経サイエンス 1994年3月号

マルグリート・ホロウェイ（Marguerite Holloway）　ジャーナリスト。SCIENTIFIC AMERICAN 寄稿編集者。

科学調査の輝き　Greater Glory

SCIENTIFIC AMERICAN June 2011／日経サイエンス 2011年9月号

エドワード・ラーソン（Edward J. Larson）　ペパーダイン大学の歴史・法学教授。米国で進化論教育の是非を問うたスコープス裁判を題材にしたピュリツァー賞受賞作「Summer for the Gods」をはじめ、科学史に関する著作多数。

ドラマ「らんまん」で知る植物学今昔

日経サイエンス2023年7月号（「植物監修田中伸幸に聞く『らんまん』で知る植物学今昔」を改題）

出村政彬（でむら まさあき）　日経サイエンス編集長。

田中伸幸（たなか のぶゆき）　国立科学博物館植物研究部で陸上植物研究グループ長を務める。専門は植物分類学。ショウガ科の分類研究を手掛けるほか、東南アジアの植物多様性に関心がある。ミャンマーの生物多様性を明らかにする国際研究プロジェクトを率いている。

編者　渡辺政隆（わたなべ まさたか）

1955年生まれ、サイエンスライター。東京大学大学院農学系研究科修了。専門は科学史、進化生物学、サイエンスコミュニケーション。著書に『一粒の柿の種』（岩波現代文庫）、『ダーウィンの遺産』（岩波現代全書）、『ダーウィンの夢』（光文社新書）、『科学で大切なことは本と映画で学んだ』（みすず書房）、『〈生かし生かされ〉の自然史』（岩波書店）、『科学の歳時記』（教育評論社）ほか、翻訳書に『ワンダフルライフ』（ハヤカワ文庫）、『種の起源』『沈黙の春』（いずれも光文社古典新訳文庫）など。

科学者の流儀

それでも研究はやめられない

2024年12月18日　第1刷

編者　渡辺政隆
発行者　大角浩豊
発行所　株式会社日経サイエンス
https://www.nikkei-science.com/
発売　株式会社日経BPマーケティング
〒105-8308 東京都港区虎ノ門4-3-12
印刷・製本　株式会社シナノ パブリッシング プレス

ISBN978-4-296-12308-7
Printed in Japan